本专著得到浙江省公益项目资助(项目编号：LGN20C190005)

棘胸蛙与黄粉虫的
养殖技术及疾病防控

赵淑芳　著

中国原子能出版社

图书在版编目（CIP）数据

棘胸蛙与黄粉虫的养殖技术及疾病防控 / 赵淑芳著.
北京：中国原子能出版社, 2024. 11. -- ISBN 978-7
-5221-3729-2

Ⅰ. S966.3；S899.9；S947.2

中国国家版本馆 CIP 数据核字第 20240RE254 号

棘胸蛙与黄粉虫的养殖技术及疾病防控

出版发行	中国原子能出版社（北京市海淀区阜成路 43 号　100048）	
责任编辑	白皎玮　陈佳艺	
责任校对	刘　铭	
责任印制	赵　明	
印　　刷	北京金港印刷有限公司	
经　　销	全国新华书店	
开　　本	787 mm×1092 mm　1/16	
印　　张	15.75	
字　　数	235 千字	
版　　次	2024 年 11 月第 1 版　2024 年 11 月第 1 次印刷	
书　　号	ISBN 978-7-5221-3729-2	**定　价　98.00 元**

前　言

石蛙为两栖动物，学名为棘胸蛙，属于脊索动物门两栖纲无尾目参差亚目蛙科蛙属石蛙种，常栖息于深山溪流旁。石蛙体型粗壮，肉质细腻，富含蛋白质、铁、磷及多种维生素。成蛙体长 13～15 厘米，重 200～400 克。研究表明，石蛙肌肉中蛋白质含量高达 18.55%～19.39%，而脂肪仅占 0.29%，其中高度不饱和脂肪酸 [（如二十二碳六烯酸（docosahexaenoic acid，DHA）和二十碳五烯酸（eicosapentaenoic acid，EPA）] 含量丰富。石蛙体内含有 18 种氨基酸，包括人体必需的 8 种氨基酸，如异亮氨酸、亮氨酸、赖氨酸，这些氨基酸对人体健康至关重要。此外，石蛙肌肉中含有钾、磷、钠、镁、钙等多种矿物质元素[1]，有助于维持心脏功能、血压稳定、骨骼健康等。石蛙不仅是一种美味佳肴，而且其营养价值和药用保健价值极高。传统医学认为石蛙具有补虚损、解热毒[2]、驱痨瘦、化毒疮、调理虚弱、调节小儿痨瘦等功效。现代研究表明，石蛙对于促进儿童骨骼生长、帮助骨折康复、改善消化不良、缓解神经衰弱等症状均有辅助作用。由此可见，石蛙不仅具有重要的营养价值，还具有重要的药用价值。因此，石蛙就成为一种养殖经济动物，石蛙养殖产业逐渐壮大。同时，在各地乡村振兴政策下的各种石蛙养殖科技特派员计划和项目，极大地促进了石蛙养殖产业的蓬勃发展，有力地推动了石蛙的大规模养殖，实现了石蛙养殖户的增收。

黄粉虫作为一种优质蛋白质来源，不仅成本低廉，而且易于大规模养殖，非常适合作为石蛙的主要饲料之一，也是绝大多数石蛙养殖场的常用饲料。

为了促进石蛙养殖产业的健康发展，满足广大石蛙养殖户对石蛙养殖技术的迫切需求，我们基于在地方开展石蛙养殖相关的科技特派员项目时的经验，同时在参考大量文献的基础上，撰写了本书。本书主要围绕棘胸蛙养殖技术进行阐述，同时简要介绍了黄粉虫的养殖技术，内容主要包括石蛙的外部形态结构、内部构造、生活习性、种蛙配对、产卵和孵化，蝌蚪和幼蛙及成蛙的养殖管理技术，石蛙相关疾病预防与治疗，石蛙相关膳食制作，黄粉虫的养殖和疾病防控方面的知识。

　　本书在编写过程中得到了许多同仁的指导，引用了一些石蛙养殖与疾病领域相关专家学者的文献报道、研究成果和相关出版书籍。在此，向这些学者们表达最深切的谢意，他们的贡献极大地丰富了本书的内容，并提高了其实用价值。另外，因编撰时间较紧，本人学术水平有限，不当之处在所难免，诚恳地请求各位专家学者和广大读者不吝赐教，提出您的宝贵意见和建议，以便再版时进行修改完善。您的每一条意见或建议都将是我们不断进步的动力。最后，我们希望本书的出版能够为我国石蛙养殖业的发展贡献一份力量，并为广大养殖户提供实用的技术指南。感谢您的阅读！

作　者
2024 年 3 月

目　录

第1章　棘胸蛙的基础知识

棘胸蛙主要分布在中国南方山区。它们通常生活在清澈的小溪或河流边的岩石缝隙中，具有较强的跳跃能力和隐蔽能力。棘胸蛙具有极高的营养价值和药用价值。棘胸蛙肉质鲜美，含有丰富的蛋白质、维生素和微量元素，被认为是一种高蛋白、低脂肪、低胆固醇的食物。在传统医学中，棘胸蛙被认为有滋补强壮、清热解毒等功效。棘胸蛙喜欢在水流清澈、植被丰富的地方活动。它们白天多藏匿于岩石下或水草丛中，夜间出来觅食，以昆虫和其他小型无脊椎动物为食，有的种类也会捕食小鱼和蝌蚪。

棘胸蛙的身体通常呈扁平状，头部宽大，眼睛突出，四肢粗壮，适合跳跃。皮肤表面可能有各种颜色和斑点，这有助于伪装，躲避捕食者。棘胸蛙还可能具有特殊的皮肤腺分泌物，这些物质有时具有毒性，可以作为防御机制。棘胸蛙的内脏结构包括心脏、肺、肝、胃、肠等器官。这些器官支持着它们的生命活动，如呼吸、消化、循环。其在的蝌蚪阶段没有四肢，身体呈椭圆形，尾部发达，主要用于游泳。随着发育，逐渐长出四肢并最终变成成体形态。这一过程反映了从水生到陆生生活方式的转变。

棘胸蛙能够适应多种环境，从山涧到稻田都有它们的身影。它们的存在有助于控制害虫数量，维持生态平衡。当遇到威胁时，它们可能会迅速逃离或者保持静止不动。此外，它们还可能通过释放皮肤腺分泌物来抵御捕食者。

本章节主要介绍棘胸蛙的营养价值和药用价值、生活习性、棘胸蛙及蝌蚪的形态结构特征和内部构造、棘胸蛙对生态环境的适应性、棘胸蛙的应激反应等内容。

1.1 棘胸蛙的简要介绍

棘胸蛙是一种淡水青蛙,又名棘蛙、草蛙、石蛤、石蛤蟆、石坑蛙、石虾蟆、石润蛙、石冻、谷冻[3]、石鳞、石乱、石鸡、山鸡、山蚂拐、梆梆鱼、飞鱼、岩膀、膀膀[4]等,属于脊索动物门两栖纲无尾目参差亚目蛙科蛙属石蛙种[3]。因其叫声洪亮,发出梆梆声,故称梆梆鱼,川南地区、云南昭通等还称其为木槐。又因其胸部有密而黑的棘囊,故又称棘胸蛙。棘胸蛙是我国和越南北部特有的一种大型野生蛙,属于水栖型中流水生活型蛙类。目前,棘胸蛙已被列入世界自然保护联盟和《中国生物多样性红色名录——脊椎动物卷》的易危物种名录,属于受保护的野生动物,为我国国家二级保护动物。

棘胸蛙在我国分布广泛,主要分布在长江以南的南方地区的丘陵山区,特别是那些保有原始森林和清澈溪流的区域或靠近山溪和森林地带,如广西、云南、四川、贵州、安徽、江苏、江西、湖南、湖北、浙江[3]、福建、广东、香港等地。棘胸蛙在广西的分布非常广泛,覆盖了从北部的武鸣、马山、上林、融水、阳朔,到南部的钦州市区、田林、西林、隆林,再到东部的贺州市区、钟山、富川,此外,天峨、罗城、环江、宁明等地也有棘胸蛙的踪迹。棘胸蛙在云南的分布较为广泛,尤其在西南部和南部山区。贵州的棘胸蛙种群主要分布在东部和南部的山区。安徽省内,棘胸蛙主要出现在南部的山区,尤其是黄山等著名山脉。浙江省内,棘胸蛙在西南部的山区,如丽水、衢州等地有分布。江西省内,棘胸蛙主要分布在东部和南部的山区,如庐山、井冈山。江苏省内,棘胸蛙主要分布在南部的山区,特别是在宜兴和溧阳两地。湖北省内,棘胸蛙分布主要在西部山区,如通山等地有分布。湖南省内,棘胸蛙主要在南部和西部的山区,如湘西等地较为常见。福建省内,棘胸蛙主要分布在中部和北部的山区,如武夷山地区。广东省内,棘胸蛙在东北部和西部的山区有分布。香港境内的棘胸蛙主要分布在偏远的山区和自然保护区。棘胸蛙的分布还延伸至越南北部的部分山区,与中国的棘胸蛙种群接壤，显示出相似的生境偏好。

在野生状态下，棘胸蛙通常栖息于海拔1 000米左右的山区或山沟的静水环境中，喜欢躲藏在水流缓慢的小溪流的石缝里。棘胸蛙身体的颜色与周围石头的颜色相似，这是棘胸蛙的保护色，是棘胸蛙在自然界长期演化中形成的，是自然选择的结果。因棘胸蛙喜欢生活在小溪的石缝中，老百姓也因此给它起了个形象、好记的名字——石蛙。

野生棘胸蛙是一种珍稀且迷人的生物，偏好栖息于清冽流动的山泉溪流之中，它们的生活习性展现出对纯净自然环境的依赖。这些优雅的两栖动物以多样化的食谱闻名，包括活跃的昆虫，如飞蛾与蚊子，水生小生物如虾和螃蟹，以及软体动物如蚯蚓与福寿螺，展现出了广泛的捕食能力。

成年的棘胸蛙拥有更为广泛的食物选择，从昆虫到蜈蚣、蜂蛛，乃至小型脊椎动物如鱼类、蛇类及偶尔的小鸟，无所不包，这使它们成为生态系统中的重要掠食者。它们不仅依赖于林间的昆虫，还摄取蠕虫、甲壳类生物和其他小型动物，显示出强大的捕食能力。

棘胸蛙的繁殖周期固定在每年的夏季，即6月至8月期间，产出的卵带有强烈的黏性，经过约一个月的孵化期后迎来新生命。棘胸蛙的成长周期较长，大约需3年才能完成变态过程，进入性成熟阶段，至第4年则达到繁殖高峰期。成年雄性棘胸蛙平均体长约123毫米，而雌性略大，约131毫米，头部宽度显著超过长度，呈现出独特的形态特征。

在中国南方的山岳地带，棘胸蛙被视为珍贵的自然资源，其肉质细嫩、味道鲜美，加之生长迅速、体型较大，使其成为人们餐桌上的佳肴。中医理论认为，棘胸蛙肉性味甘咸平和，归于肺、胃、肾三经，具有健脾助消化、增强体质之效，对于改善消化不良、增强体力等方面有一定益处。

尽管如此，棘胸蛙作为野生保护物种，其生存现状值得深思。保护野生动物不仅是法律的要求，更是每个公民应尽的责任。应当行动起来，坚决抵制任何形式的野生动物交易，拒绝买卖野生动物产品，不妨碍野生动物的自由生活，尊重并维护它们的自然生活环境，共同守护地球上的每一份生命。

1.2 棘胸蛙的营养价值和药用价值

棘胸蛙是我国传统食谱中营养成份和药用保健价值最高的食用蛙类，享有"百蛙之王"的美称[5]。

棘胸蛙，及其近亲棘腹蛙和双团棘胸蛙，皆栖身于深山幽谷的溪流旁，肉质细腻，富含人体所需营养素，如蛋白质、葡萄糖、铁、磷及多种维生素。棘胸蛙的个头与虎纹蛙大小差别不大，但棘胸蛙明显更加粗壮肉肥。成蛙体长 13～15 厘米，体重 200～300 克，个别可达到 400 克以上。研究表明，棘胸蛙的肌肉组织蕴含着惊人的营养价值，蛋白质含量极为丰富[6]，高达 18.55%～19.39%[6]，而脂肪成分相对较低，肌肉中的脂肪仅占 0.29%，蛙皮中的脂肪含量更是微乎其微，仅为 0.26%。尤为引人注目的是，它们的肌肉和蛙皮中高度不饱和脂肪酸的比例相当可观，分别占总脂肪酸的 39.36% 和 29.80%[6]，其中不饱和脂肪酸的含量是牛肉、猪瘦肉、带鱼等其他肉类中不饱和脂肪酸的数倍[6]。其中，DHA 和 EPA 作为高度不饱和脂肪酸的代表，因其对大脑健康和身体机能的显著益处而被广泛誉为"脑黄金"和"脑白金"。具体而言，棘胸蛙肌肉中的 DHA 含量可达 3.35%，EPA 含量为 3.70%，而在蛙皮中，DHA 和 EPA 的含量分别为 1.14% 和 1.54%。DHA 作为人体无法自行合成但又至关重要的脂肪酸，是大脑发育和维护的关键营养素，对认知功能和视力健康至关重要。EPA 则以其促进细胞再生和加强免疫系统的功能而著称，有助于提升整体健康水平和抵御疾病的能力。长期食用棘胸蛙能提高大脑的活动功能，增强记忆力，提高免疫力，防止大脑衰老，预防心血管疾病。

棘胸蛙的营养价值和药用保健价值是其他动物所不能替代的，也一直不断地受到人们的认识与青睐。中国科学院权威部门化验结果显示，棘胸蛙体内含有 18 种氨基酸[1]，其中 8 种是人体必需的氨基酸。这些氨基酸在人体自身无法合成，必须通过饮食获取，包括异亮氨酸、亮氨酸、赖氨酸、甲硫氨酸、苯丙氨酸、苏氨酸、色氨酸、缬氨酸。棘胸蛙中的这 8 种必需氨基酸占总氨基酸的 40.70%[1]。必需氨基酸对于维持人体健康、生长发育和修复组织至关重要。其中，异亮氨酸（Isoleucine）参与蛋白质合成，有助于肌肉代谢和能量产生；亮氨酸（Leucine）促进肌肉蛋白质合成，对肌肉生长和修复尤为重要；赖氨酸（Lysine）参与蛋白质合成，对胶原蛋白形成、钙吸收和能量产生有重要作用；甲硫氨酸（Methionine）参与蛋白质合成，是合成其他氨基酸和化合物的基础；苯丙氨酸（Phenylalanine）参与蛋白质合成，是合成酪氨酸和其他神经递质的前体；苏氨酸（Threonine）参与蛋白质合成，对脂肪和糖的代谢有重要作用；色氨酸（Tryptophan）参与蛋白质合成，是合成血清素和烟酸的前体；缬氨酸（Valine）参与蛋白质合成，对肌肉代谢和能量产生有贡献。而棘胸蛙中的这 8 种人体必需氨基酸含量高，而且非必需氨基酸谷氨酸的含量高达 11.90%。棘胸蛙中这些必需氨基酸的含量和比例接近世界卫生组织（World Health Organization，WHO）专家委员会建议的人体需求理想模式，这意味着它们的比例更适合人体的需求，可以更高效地被人体利用和吸收。由此可见，棘胸蛙对于促进身体健康、增强免疫力、支持生长发育和修复组织损伤方面都有积极意义。

棘胸蛙肌肉中含有 20 种以上矿物质元素，其含量较大的 8 种元素分别是钾（K）、磷（P）、钠（Na）、镁（Mg）、钙（Ca）、铝（Al）、硅（Si）、铁（Fe）[1]。在这 8 种元素中，钾对于维持正常的心脏功能、血压稳定、肌肉功能和神经传递至关重要。它还有助于维持体内的电解质平衡。磷是构成骨骼和牙齿的主要成分之一，参与能量代谢和细胞膜结构的形成，对于遗传物质脱氧核糖核苷酸（Deoxyribonucleic Acid，DNA）和核糖核酸（Ribonucleic Acid，RNA）的合成也非常重要。钠是维持体液平衡和血压的关键，对于神经冲动的传递和肌肉功能也很重要。然而，过量摄入钠可能会导致高血压等健康问题。镁对于数百种酶的活动是必需的，参与能量生产、蛋白质合成、肌肉和神经功能，以及骨骼健康。钙是骨骼和牙齿的主要组成部分，对于肌肉收缩、神经传导、心脏功能和凝血也至关重要。尽管铝在自然界中普遍存在，但它并非人体必需的元素，而且过量的铝摄入可能与一些健康问题有关，如神经系统疾病。

硅对骨骼和结缔组织的健康有益，对于皮肤、指甲和头发的健康也有一定作用。铁是血红蛋白和肌红蛋白的主要成分，对于氧气运输和能量产生至关重要，缺铁会导致贫血。因此，棘胸蛙可以为人体提供这些必需的矿物质，有助于维持和促进健康。

棘胸蛙不仅是一种美味佳肴，更是提供高质量营养和潜在健康效益的天然食品来源。棘胸蛙不仅风味独特，其营养价值亦不容小觑，肉质富含优质蛋白质、维生素及矿物质[6]，构成了一道既美味又健康的佳肴。棘胸蛙的药用价值同样令人瞩目，具有补虚损、解热毒[2]、驱痨瘦、化毒疮的功效。《本草纲目》中就有明确记载：棘胸蛙主治"小儿痨瘦，疳瘦最良"[6]，即棘胸蛙可调理虚弱之症、解热毒，帮助恢复体形，尤其适用于小儿和产后女性。《中国药用动物志》载"棘胸蛙有滋阴强壮，清凉解毒，补阴亏，驱痨瘦，化疮毒和兼补病后虚弱诸功效，其蝌蚪能乌发，卵子有明目之功效"。由此可见，棘胸蛙的蝌蚪和蛙卵还有重要的药用价值，具有乌发、清毒、明目之功效。棘胸蛙肉在传统中医理论中确实被认为具有多种滋补和调理作用，其药性平和，味道甘美，被认为能够滋养心、肺、肾三个主要脏器，具有滋补强壮、滋阴降火，清心润肺，解劳补虚、强筋骨、填精潜阳的作用。棘胸蛙肉富含高质量蛋白质、维生素和矿物质，能够为身体提供必要的营养，增强体质，提升整体健康水平，具有滋补强壮的作用。在中医理论中，棘胸蛙肉还具有滋阴降火、滋阴润燥的特性，能够帮助平衡体内阴阳，对于阴虚火旺引起的各种症状，如口干舌燥、潮热盗汗等有辅助调理作用。同时，棘胸蛙肉被认为能清心除烦，润肺止咳，对于心火旺盛、肺燥咳嗽等症状有缓解作用。而且，棘胸蛙肉有助于缓解疲劳，补益虚弱体质，对于体力透支、精神疲惫等情况有恢复元气的效果。另外，棘胸蛙肉中的钙质和蛋白质有助于骨骼健康，强化筋骨，对于骨质疏松、关节疼痛等问题有辅助作用。在中医中，棘胸蛙肉被认为能滋补肾精，对于肾虚引起的腰膝酸软、性功能减退等症状有改善作用。

棘胸蛙被认为具有明目的功效，这一观点在传统医学中有所记载。根据

《本草纲目》等古代医药文献,棘胸蛙的某些部位,尤其是其卵,被认为对眼睛健康有益,能够帮助改善视力,这可能与棘胸蛙体内所含的某些营养成分有关,比如维生素 A 和其他对视觉健康有益的微量元素。维生素 A 是维持正常视觉功能的重要营养素,它参与视网膜中视紫红质的形成,而视紫红质是感受光线的视觉色素。缺乏维生素 A 会导致夜盲症和其他视力问题。除了维生素 A,棘胸蛙还含有其他多种维生素和矿物质,这些成分对维护身体健康和促进视觉功能可能有积极作用。

棘胸蛙在传统医学和民间食疗中被认为具有乌发的功效,即促进头发保持黑色和光泽,防止早白。棘胸蛙对于白发或者是头发稀少的现象也是有一定帮助的。这一观念基于棘胸蛙富含的营养成分,尤其是高蛋白、多种维生素和矿物质,这些成分对于维护头发健康和促进毛囊活力至关重要。蛋白质是构成头发的基本成分,充足的蛋白质摄入对于保持头发的强度和弹性非常重要。维生素和矿物质,如铜、锌、铁和维生素 E,对促进头皮健康、血液循环和抗氧化作用有积极作用,从而间接促进头发的健康生长和颜色保持。在传统中医理论中,头发的健康与肾脏功能密切相关,"肾藏精,其华在发",意味着肾脏健康状况直接影响头发的质量。棘胸蛙因其滋阴补肾的功效,被认为能够通过滋养肾脏进而促进头发的乌黑亮丽。当然,关于棘胸蛙乌发的具体机制和实际效果,现代科学研究尚缺乏直接证据。乌发的效果可能因人而异,且受遗传、年龄、生活习惯和环境多种因素的影响。因此,尽管棘胸蛙可能对头发健康有益,但将其作为唯一或主要的乌发手段可能并不现实。均衡饮食、健康生活方式和适当的头发护理才是维持头发健康的基础。

棘胸蛙蝌蚪在传统医学和民间疗法中被认为具有"清毒解疮"的功效。"清毒解疮"这一术语通常指的是具有清除体内毒素、促进伤口愈合、消除皮肤疮疡或炎症的能力。在传统观念中,棘胸蛙蝌蚪的这一特性被认为来源于其特殊的营养成分和生物活性物质。具体而言,棘胸蛙蝌蚪的"清毒解疮"作用可能归因于营养成分、可能含有的生物活性物质、传统中医理论等。棘胸蛙蝌蚪富含蛋白质、氨基酸、维生素和矿物质,这些营养素对于促进伤口愈合和皮肤修复有重要作用。蛋白质是细胞修复的基础，维生素 C 和锌等矿物质则能够加速伤口愈合过程。棘胸蛙蝌蚪体内可能含有具有抗菌、抗炎和促进组织再生的生物活性物质，如肽类、酶、多糖，这些成分有助于抵御感染、减轻炎症反应，并促进受损组织的修复。在中医理论中，棘胸蛙蝌蚪被认为具有清热解毒、凉血止血的功效，可用于治疗因热毒所致的皮肤疮疡、疖肿等症状。中医强调的"清热解毒"作用，旨在清除体内因热邪引起的炎症和感染。当然，这些传统的功效和应用大多基于经验和传统医学理论，而非现代科学的严格验证。对于皮肤疮疡或感染的治疗，包括清洁伤口、使用抗生素（如有必要）和保持伤口的良好护理。在使用任何传统疗法之前，最好咨询医生或专业医疗人员，以确保安全性和有效性。

棘胸蛙的营养价值和药用特性在促进人体健康方面扮演着重要角色，特别是对儿童骨骼生长的正面影响和帮助骨折患者早日康复。棘胸蛙体内含有的特殊钙腺，能够提供易于人体吸收的钙质，这对于儿童的骨骼发育很重要，特别是正处于骨骼快速增长期的儿童尤为重要，有助于构建强健的骨骼结构。钙是构成骨骼和牙齿的主要成分之一，对于骨骼的强度和密度起着决定性作用。儿童时期是骨骼发育的关键阶段，充足的钙质摄入对于建立坚实的骨基底、预防未来骨质疏松等问题至关重要。棘胸蛙肉质中不仅钙含量较高，而且其钙质的生物利用率也较好，这意味着儿童食用棘胸蛙后，其体内的钙质更易被吸收和利用，从而促进骨骼健康发育。此外，棘胸蛙肉还富含蛋白质、维生素 D，以及其他微量元素，这些都是骨骼健康发育不可或缺的营养素。蛋白质是骨骼细胞的重要组成部分，而维生素 D 则能够促进钙质的吸收和利用。因此，棘胸蛙提供的全面营养有助于儿童骨骼系统的健康成长。当然，对于儿童而言，均衡的饮食、充足的户外活动，都是促进骨骼健康发育的重要因素。

棘胸蛙在传统医学中被认为对小儿痨瘦（营养不良）和疳疾（一种由于营养不足或消化吸收功能障碍导致的儿童慢性疾病）有积极的调养作用。这种认识主要基于棘胸蛙富含的高营养价值，包括高质量的蛋白质、维生素和矿物质，以及其在中医理论中的滋补和健脾功效。棘胸蛙肉富含易于消化的优质蛋白质，这是儿童生长发育必不可少的营养素。此外，它还含有多种维生素（如维生素 A、维生素 B 群等）和矿物质（如铁、钙等），这些营养成分对于纠正营养不良、促进儿童身体健康和提高免疫力至关重要。在中医理论中，脾胃功能直接影响到营养的吸收和转化。棘胸蛙的滋补作用能够强化脾胃功能，促进消化吸收，对于改善因脾胃虚弱引起的疳疾有辅助治疗效果。棘胸蛙的美味和易于消化的特点，能够刺激食欲，增加食物摄入量，对于解决小儿厌食问题、促进营养吸收和体重增长有积极作用。当然，对于小儿痨瘦和疳疾等病症，应当首先由专业医生进行确诊，并制定合理的治疗方案。饮食调养只是辅助治疗的一部分，不能替代正规医疗。在确保儿童获得充足、均衡营养的同时，还应关注其生活习惯、运动和心理状态，以促进其全面健康。

在传统中医理论中，棘胸蛙具有滋阴补肾的作用，即被认为对肾阴虚有一定的调理作用。肾阴虚是中医辨证论治中的一种体质状态，主要表现为腰膝酸软、头晕耳鸣、手脚心热、夜间盗汗、口干舌燥等症状，这是因为肾阴不足，不能滋养全身，导致的一系列体征。中医认为肾主骨，腰膝酸软常常是肾虚的表现。棘胸蛙富含的高质量蛋白质和钙质，能够滋养肾精，强壮筋骨，对缓解腰膝酸软有一定帮助。肾阴虚可能导致肝阳上亢，从而引发头晕耳鸣等症状。棘胸蛙的滋阴清热作用，有助于调和体内阴阳平衡，减轻头晕耳鸣。肾阴虚导致的阴液不足，常会引起五心烦热（手心、脚心和胸口热）。棘胸蛙的滋阴润燥功效，能够帮助补充阴液，缓解手脚心热的现象。夜间盗汗通常指的是在睡眠过程中无明显诱因地大量出汗，中医认为这可能与体内阴阳失衡、肾虚、心脾两虚等因素有关。棘胸蛙在中医里被认为具有滋阴补肾、安神定志的功效。其滋阴特性有助于调整体内的阴液平衡，对于肾阴亏损引起的夜间盗汗有一定的缓解作用。同时，棘胸蛙肉富含蛋白质、维生素和矿物质，如镁和 B 族维生素。这些营养成分对神经系统有镇静和稳定作用，有助于改善睡眠质量和减少夜间出汗。然而，夜间盗汗可能是多种健康问题的表现，包括但不限于更年期综合征、感染性疾病、糖尿病、甲状腺功能亢进、心血管疾病等。因此，如果出现夜间盗汗的症状，首先应当咨询专业医生，进行全面的身体检查，以确定病因并接受针对性的治疗。而且棘胸蛙肉的滋阴补液效果，对于缓解口干舌燥、喉咙不适等症状有帮助。其富含的水分和电解质，能够补充体内流失的液体，促进身体的水盐平衡，缓解干燥感。当然，将棘胸蛙作为饮食调养的一部分，可以在医生的指导下进行，但不应代替正规医疗。同时，保持健康的生活方式，如规律作息、适量运动、避免过度劳累和情绪波动，也是改善夜间盗汗症状的重要措施。当然，对于肾阴虚的治疗，中医强调辨证施治，即根据个人的具体症状和体质来制定个性化的治疗方案。

棘胸蛙对于病后体虚、心烦意乱等症状亦有良好的辅助治疗效果，能够帮助恢复体力，调节体内阴阳平衡，这主要归功于其丰富的营养成分和滋补特性。棘胸蛙肉富含高质量的蛋白质、维生素和矿物质[6]，这些营养素对于恢复体力、促进身体康复至关重要。生病后，人体消耗了大量的能量和营养，棘胸蛙的高蛋白和氨基酸可以帮助修复受损的组织，促进免疫系统的恢复，增强机体抵抗力，从而加速康复过程。同时，棘胸蛙肉中的维生素 B 群和矿物质如镁，对于神经系统有安抚作用，能够帮助缓解精神紧张，改善睡眠质量，从而减轻心烦意乱的症状。

棘胸蛙的核心功效在于其卓越的滋补与强壮作用，辅以健脾消积之效，对消化不良的患者尤其有益，因此在传统医学中常被用于辅助改善消化不良的问题。健脾消积是指增强脾胃功能，促进消化，消除体内积滞的食物残渣，有助于改善因脾胃虚弱或消化功能不佳引起的一系列症状，如腹胀、食欲不振、消化不良。棘胸蛙肉质中的高蛋白、多种维生素和矿物质，尤其是易于消化吸收的特性，能够帮助脾胃更好地执行其消化吸收的功能。其中，蛋白质是消化酶的重要组成部分，维生素和矿物质则参与消化过程中的各种生化反应，促进营养物质的分解和吸收。在中医理论中，脾胃被认为是"后天之本"，负责运化水谷，即消化和吸收食物中的营养。脾胃功能强健，则人体的消化吸收能力良好，反之则会出现消化不良、营养吸收障碍等问题。棘胸蛙的滋补作用能够强脾健胃，使其功能恢复正常，从而改善消化不良的状况。然而，需要注意的是，对于消化系统疾病，尤其是慢性消化不良，应首先寻求专业医生的诊断和治疗，确保没有更严重的健康问题。在医生的指导下，可以适当食用棘胸蛙作为辅助调养的一部分，但不应完全依赖其功效来治疗疾病。同时，健康均衡的饮食、规律的生活习惯和适量的运动也是维护消化系统健康的重要因素。

棘胸蛙在传统医学中被认为对肺部健康有益，这主要基于其滋阴润肺和补益作用。棘胸蛙肉质富含蛋白质[6]、维生素和矿物质，尤其是其滋阴特性被认为对肺部有良好的滋养效果，适用于肺部干燥、肺阴不足等情况，主要是基于滋阴润肺、增强免疫力、促进呼吸系统修复、清热解毒这四个方面。中医理论中，肺主气司呼吸，喜润恶燥。棘胸蛙的滋阴功效有助于滋润肺部，对于缓解因肺阴不足引起的干咳、声音嘶哑、呼吸困难等症状有辅助作用。棘胸蛙肉中的蛋白质、维生素 A、维生素 C 等营养成分能够增强免疫功能，对于维护肺部健康，防止呼吸道感染有积极意义。对于长期吸烟者或患有慢性肺部疾病的人群，棘胸蛙中的营养成分有助于促进肺部组织的修复，缓解因肺部损伤导致的呼吸困难。棘胸蛙还被认为具有清热解毒的作用，对于由热毒引起的肺部疾病，如肺热咳嗽，有一定的辅助治疗效果。然而，对于严重的肺部疾病，如肺结核、肺结核伴随咯血、慢性阻塞性肺疾病（Chronic Obstrustive Pulmonary Disease，COPD）、支气管哮喘，棘胸蛙的食用只能作为辅助调养的一部分，不能替代专业医疗治疗。对于肺部健康，最重要的是避免吸烟、空气污染等有害因素，保持健康的生活方式，定期进行肺功能检测，并在医生指导下进行必要的治疗和康复训练。

棘胸蛙在传统医学和民间食疗中被认为对神经衰弱有一定的辅助调理作用。神经衰弱是一种常见的神经官能症，表现为持续的精神紧张、情绪波动、记忆力减退、注意力不集中、失眠、头痛等症状。棘胸蛙被认为有助于缓解这些症状，主要基于营养支持、滋阴安神、改善睡眠质量这三个方面。棘胸蛙肉富含高质量蛋白质[6]、维生素（尤其是 B 族维生素）和矿物质，如镁和钾，这些营养成分对神经系统有积极影响。例如，B 族维生素参与神经递质的合成，镁有助于神经肌肉的放松，从而缓解紧张和焦虑。在中医理论中，棘胸蛙具有滋阴清热、安神定志的功效，对于由肾阴不足引起的神经衰弱有辅助调理作用。棘胸蛙的滋阴效果有助于平衡体内阴阳，改善由肾阴虚导致的焦虑不安、失眠多梦等症状。神经衰弱常伴有睡眠障碍，棘胸蛙中的营养成分能够帮助改善睡眠质量，促进深度睡眠，使大脑和身体得到充分休息，有助于缓解神经衰弱带来的疲劳感。需要注意的是，对于神经衰弱的治疗，除饮食调养外，更重要的是找到并解决根本原因，如工作压力、情绪问题、生活习惯。在专业医生的指导下，患者可能需要结合心理咨询、行为疗法、适当的药物治疗和生活方式的调整。当然，适量食用棘胸蛙可以作为神经衰弱患者饮食调养的一部分。

棘胸蛙因其具清热解毒的特性在传统医学和民间疗法中被认为对缓解咽喉疼痛、口腔溃疡、眼部炎症、便秘等病症有一定的辅助作用。这些功效主要归因于棘胸蛙所含的营养成分和其在中医理论中的药用属性。棘胸蛙肉富含的维生素和矿物质，尤其是维生素 C 和锌，具有抗炎和促进伤口愈合的作用，能够帮助缓解咽喉疼痛，促进咽喉部位的修复。同时，棘胸蛙的滋阴清热效果，有助于缓解口腔内的炎症，促进溃疡面的愈合。其丰富的维生素 B 群，对口腔黏膜的修复有积极作用。另外，在传统医学中，棘胸蛙被认为具有清热解毒、明目的作用，能够帮助减轻眼部炎症，如结膜炎。其含有的抗氧化成分，如维生素 E 和硒，对保护眼睛健康有益。而且，棘胸蛙的滋阴润燥特性，能够帮助改善肠道干燥，促进肠道蠕动，从而缓解便秘症状。其含有的水分和矿物质，也有助于改善肠道环境，促进排便。

棘胸蛙的多重益处远不止于其清毒解疮、明目、滋阴补肾和促进骨骼生长的传统认知，它对于胃部虚弱或胃酸分泌过多的情况具有一定的调养作用。这种观点主要基于棘胸蛙肉的高营养价值和中医理论中的滋补特性。对于胃部虚弱的患者，棘胸蛙肉富含高质量蛋白质[6]、维生素和矿物质，这些营养成分能够帮助增强胃壁肌肉，促进胃部功能的恢复。同时，棘胸蛙的滋阴补气效果有助于调和脾胃，改善消化系统的整体机能，从而对胃部虚弱有辅助治疗作用。在中医理论中，棘胸蛙具有清热降火、和胃止酸的特性。对于胃酸分泌过多的情况，棘胸蛙的滋阴清热作用能够帮助调节胃酸水平，减少胃酸对胃黏膜的刺激，从而缓解胃部不适。然而，需要注意的是，对于胃部虚弱或胃酸分泌过多等问题，应该首先寻求专业医生的诊断和治疗。这些症状可能是胃炎、胃溃疡或其他胃部疾病的征兆，需要通过医学检查确定具体原因，并接受针对性的治疗。在日常饮食中，适量食用棘胸蛙可以作为辅助调养的一部分，但不应仅依靠食物来治疗疾病。同时，饮食上还应遵循一些基本原则，如避免辛辣、油腻食物，定时定量进食，细嚼慢咽，以及避免过饱或饥饿，以减少对胃部的负担。

棘胸蛙在传统中医和许多民间食疗中被认为对产后妇女有益，尤其是在产后恢复期间，其滋补作用被认为能够帮助产妇快速恢复体力和健康。产后妇女往往面临气血两虚的情况，棘胸蛙肉富含的高质量蛋白质、铁质和维生素 B 群等营养素，有助于补充血液，促进血红蛋白的合成，从而改善贫血症状，滋阴补血，增强体质。分娩后，女性的免疫系统可能较为脆弱，棘胸蛙中的维生素和矿物质能够帮助提高免疫力，降低感染的风险，促进身体的整体恢复。棘胸蛙肉的高蛋白和营养成分，有助于乳汁分泌，提高母乳的质量。对于哺乳期的母亲来说，这是一个重要的好处，能够确保婴儿获得充足的营养。产后的疲劳和压力可能会影响睡眠，棘胸蛙中的镁和其他矿物质有助于放松神经，改善睡眠质量，帮助新妈妈更好地休息和恢复。对于自然分娩或剖腹产的妇女，棘胸蛙肉中的蛋白质和维生素 C 能够促进伤口愈合，加快身体的复原速度。因此，对于产妇而言，棘胸蛙是补充营养、恢复体力的理想选择，从而帮助加快产后恢复进程，减少出血量，更快地恢复健康。

研究发现，棘胸蛙的某些成分具有生物活性，其中包括对平滑肌，如子宫肌肉的影响。在科学研究中，离体子宫收缩的缓激肽效应是一个研究方向。缓激肽是一种能够引起血管扩张和平滑肌收缩的肽类物质，对于子宫平滑肌的收缩也有一定作用。关于棘胸蛙提取物对离体子宫收缩的影响，有研究表明，棘胸蛙的部分提取物可能具有抑制子宫平滑肌收缩的作用，这可能与其中的某些成分能够拮抗缓激肽的作用有关。这意味着，棘胸蛙的某些成分可能通过与缓激肽竞争受体或影响相关的信号传导途径，从而减弱缓激肽引起的子宫收缩效应。然而，这些研究结果主要来自实验室条件下的离体实验，其对人体的实际生理效应仍需进一步的临床研究来验证。在人类生理学和医学应用中，子宫平滑肌的收缩对于月经周期、妊娠维持和分娩过程都至关重要。因此，任何可能影响子宫收缩的物质都需要谨慎对待，特别是在孕期和分娩前后。在实际应用中，棘胸蛙作为传统食疗或滋补品，其对子宫平滑肌的具体影响应根据个人健康状况和医生的指导来决定是否适宜食用，特别是在孕期或有特定妇科疾病的情况下。孕妇在食用任何传统食疗之前，都应该咨询专业医生，以确保安全性和适宜性。

棘胸蛙在传统医学中虽被视作一种滋补佳品，但对于轻微发烧的处理，其作用并不是直接降温或抗病毒，而是通过增强体质和促进身体恢复来间接帮助缓解症状。轻微发烧通常是身体正在对某种感染做出反应的表现，而棘胸蛙的营养价值，如高蛋白、维生素和矿物质，可以为身体提供额外的能量和营养支持，帮助免疫系统更好地应对疾病。中医认为，棘胸蛙具有滋阴补肾、清热解毒的功效，对于由肾阴不足导致的虚热有一定的调理作用。然而，对于由感染引起的发热，棘胸蛙并不能直接对抗病原体或迅速降低体温，其作用更多体现在增强身体的整体抵抗力，帮助身体更快地从疾病中恢复过来。当然，对于轻微发烧，建议首先休息，保持充足的水分摄入，注意观察病情变化。如果症状持续或加重，应及时就医，遵循医生的指导进行治疗。在饮食方面，可以选择一些易于消化、营养丰富且不会加重肠胃负担的食物，如清淡的汤粥、新鲜的蔬菜水果等，以补充能量和营养，支持身体的恢复。在某些情况下，适量食用棘胸蛙可以作为辅助调养的一部分。同时，应避免在发烧期间摄入过于油腻或难以消化的食物，以免加重身体负担。对于发烧的具体处理，应以医学建议为主，饮食调养为辅，确保安全有效地促进身体康复。

传统医学认为野生棘胸蛙还具有很高的药用价值，可以用来制作药物，还具有清热解毒、利咽消肿、消肿止痛、抗病毒和抗菌等功效，可以用来治疗热毒性症状的疾病，如咽炎、肺炎、肾炎、发热、头痛、咳嗽、腹泻、痢疾、痨病。然而，传统医学中关于野生棘胸蛙的药用价值描述，主要基于经验积累和传统理论，目前这些功效尚未得到现代医学研究的广泛证实。并且，野生棘胸蛙与其他药物的相互作用是一个复杂的问题，尤其是在没有充分科学依据的情况下。与抗生素、抗病毒药等药物同时使用可能会影响药效，甚至产生不良反应。因此，患者在考虑将其用于药用或食疗时，应事先咨询医生或专业药剂师。最重要的是，野生棘胸蛙的捕捉和贸易受到法律限制，以保护野生动物资源和生态平衡。非法捕猎和交易不仅违反法律，也可能导致物种数量下降，破坏生态系统。因此，即使出于药用目的，也应选择合法来源的产品，并支持可持续的农业养殖。建议在寻求药用棘胸蛙时，优先考虑人工养殖的产品，并在专业人士指导下合理使用，确保既有效又安全。同时，鼓励支持棘胸蛙药用价值的科学研究，探索棘胸蛙及其他传统药材的现代医学应用，以促进传统医学与现代科学的融合与发展。

总之，棘胸蛙在传统医学上的应用和功效并未得到现代医学研究的充分证实，因此在面对上述健康问题时，应首先咨询专业医疗人员，获得正确的诊断和治疗建议。棘胸蛙或其制品可以作为饮食调养的一部分，但不应取代必要的医学治疗。同时，保持健康的生活方式和饮食习惯，对于预防和管理上述病症同样重要。

综上所述，棘胸蛙是传统医食兼用的名贵两栖动物。在中国，棘胸蛙自古便是皇家餐桌上的珍馐，被誉为"食用可延年，药用可疗疮"的稀世美味。然而，现代科学研究通常需要更多的证据来证实传统医学中的功效。关于棘胸蛙的各种药用功效的具体机制和有效性，目前可能还需要更多科学研究的支持。尽管如此，棘胸蛙作为一道美食，其丰富的营养价值仍然是被广泛认可的，适量食用对于保持健康有益。

在中国的文化与饮食史上，棘胸蛙的食用传统源远流长。古籍中不乏赞誉其为"食之长寿，药用化疮"的珍馐记载，这使棘胸蛙自古便成为皇家御膳中的璀璨明珠，同时也是文人雅士餐桌上备受欢迎的山珍野味[2]，以及送礼时的上乘之选。即便是在平民百姓的宴请场合，一道棘胸蛙佳肴的出现，不仅映衬出主人的品位与殷实，更让宾客们倍感荣幸，留下"一席难求的棘胸蛙盛宴"的美谈。因为在古代，捕捉棘胸蛙非常困难，具有较大风险。在古代，当棘胸蛙处于生长繁衍的时节，人们便会趁着夜色深入其栖息地进行捕捞。由于棘胸蛙遵循着昼伏夜出的生活习性，加之其栖息环境往往与毒性强烈的蕲蛇相邻，这使捕获棘胸蛙充满了挑战与风险。棘胸蛙为了适应险峻的生存环境，演化出了与周围深山密林中的石壁极其相似的灰黑色外表，皮肤略显粗糙，用以伪装和自我保护。捕捉棘胸蛙的过程不仅考验着人们的勇气——需要时刻警惕潜伏的蕲蛇，还要求他们具备娴熟的夜间狩猎技巧，以确保能够在黑暗中准确无误地捉住目标。正因如此，棘胸蛙这道菜肴不仅体现了食材的珍贵，更象征着获取过程中的智慧与胆识，自然而然地增添了几分尊贵与神秘的色彩。

步入现代，尽管人们的饮食习惯与结构发生了变迁，棘胸蛙仍旧凭借其细腻的口感、醇厚的风味以及丰富的营养价值和独特的药用保健功效，持续受到食客们的热爱与追捧，成为餐桌上的常青树。无论是追求美食享受，还是注重健康养生，棘胸蛙都以其无可替代的魅力，稳居珍稀食材之列，继续书写着它在人类饮食文化中的辉煌篇章。

由此可见，棘胸蛙不仅是一道味美可口的佳肴，更是一种集多种健康益处于一体的珍贵食材，其在滋养身体、促进健康方面的潜力，值得在日常饮食中加以重视和利用。

然而，棘胸蛙作为野生物种，一直是被保护的对象，由于野生棘胸蛙的保护状态，品尝这一美食的机会变得稀缺。由此，棘胸蛙养殖产业应运而生，规模化养殖不仅随着社会进步和生活质量的提升，棘胸蛙的需求日益增长，但过度捕捞已导致野生棘胸蛙资源枯竭，个体数量和体型均大幅下降。若不采取有效措施，野生棘胸蛙恐面临灭绝危机。因此，野生棘胸蛙成为被保护的对象,是国家二级保护动物。尽管棘胸蛙拥有诸多益处,必须意识到其野生保护动物的身份。保护野生动物不仅是法律的要求,也是每个人的社会责任。每一位公民应该从自身做起,坚决拒绝购买和消费野生动物产品,尊重野生动物的生存权利,不干扰它们的自然生活,共同维护生态平衡,促进人与自然的和谐共存。在享受棘胸蛙带来的健康益处时,应优先考虑合法且可持续的养殖来源,以实际行动支持野生动物保护事业。而棘胸蛙养殖缓解了这些矛盾。棘胸蛙养殖不仅保留了这一传统美食,更促进了其可持续利用,满足了市场需求,还有效减少了对野生种群的捕捞压力,起到了保护生态的作用,体现了人与自然和谐共生的理念。

1.3　棘胸蛙的生活习性

棘胸蛙,这种独特而迷人的两栖类动物,拥有着与夜色相融的生活习性。

1.3.1　棘胸蛙的栖息偏好与活动模式

棘胸蛙偏爱在山区缓流小溪或回水坑中生活,周围植被茂盛。它们极少离开水体,体色与环境融为一体。棘胸蛙具有群居倾向,白天和夜晚均会活动[7],但夜间活动更为频繁,利用敏锐的感官在黑暗中寻找食物,而白天则选择隐蔽的环境休息,如洞穴或是岩石缝隙中,这是它们躲避天敌和高温的有效策略。棘胸蛙对环境的偏好表明,它们倾向于在静谧的夜晚进行觅食和活动,夜晚它们会大量摄食,白天则更倾向于在安宁的环境中休憩,避免不必要的能量消耗,白天主要是进行消化吸收。棘胸蛙胃容量较大,能容纳较多的食物。黄昏时分,棘胸蛙悄然离开隐匿的洞穴,活跃于山溪两岸及山坡草丛中,享受着夜间觅食和嬉戏的乐趣。然而,它们的活动范围相对有限,随着夜色渐浓,棘胸蛙会逐渐返回洞穴,天亮之际则几乎难觅其踪。白天,它们通常潜伏在洞口附近,或藏身于草丛、砂砾和石片缝隙中,等待时机捕食近在咫尺的猎物。面对水蛇、老鼠等潜在威胁,或是人类的接近,棘胸蛙会迅速撤退回洞内或潜入水底，以躲避危险。

在自然条件下，野生棘胸蛙偏爱居住在清凉的山洞溪流旁，或是有瀑布的石洞附近，它们善于利用岩石间的缝隙作为栖息地，这样的环境提供了它们所需的安全感和湿度。因此，当人们尝试养殖棘胸蛙时，模仿其自然栖息地成为关键。养殖环境中应布置有石头、石板和洞穴，甚至加入水草等元素，这些措施不仅能够让棘胸蛙感受到类似野外的生存环境，还能有效降低它们因环境改变而产生的应激反应，使它们在人工条件下也能维持较为自然的生活状态。

1.3.2　棘胸蛙的食性

棘胸蛙喜食活物，对静止或已死亡的食物兴趣不大。棘胸蛙的食物以动物性为主，尤其是昆虫及其幼体，占据食物组成的大部分（约 48.38%）。棘胸蛙的食物是一个多样化的食谱，除了昆虫，棘胸蛙还吃蜈蚣、蜂蛛、马陆、蜗牛、螺蚬、虾、蟹[8]、杂鱼、沙鳅、蚯蚓、幼蛇和小型鸟类等，共计 57 种不同类型的动物。棘胸蛙还会吃植物的叶、花、种子等[8]。成年棘胸蛙拥有广泛的食谱，这说明它们在食物链中扮演着重要的角色。蝌蚪食性：棘胸蛙蝌蚪取食水生植物和浮游生物，养殖时需提供适宜的植物性和动物性饵料，如小环藻、丝藻、水蚤、轮虫。

1.3.3　棘胸蛙的季节性活动规律

作为变温动物，棘胸蛙的体温随环境温度波动。棘胸蛙的活动强度直接受外界环境条件的影响，尤其是水温和水流的变化。适宜的水温区间为 15～25 ℃，在此范围内，棘胸蛙能保持正常的活动水平。春季和秋季是棘胸蛙活动最旺盛、摄食量最高、生长最快的时期。水温过低会导致棘胸蛙的活动频率下降，生长停滞，并促使棘胸蛙进入冬眠状态；而水温过高则可能引起异常行为，甚至导致死亡。水温降至 12 ℃时，它们进入冬眠状态，依靠体内脂肪储备维持生命。每年从 11 月直至翌年的 4 月，棘胸蛙会进入冬眠状态。这段时间里它们停止进食，不吃不动，双眼紧闭，完全依靠体内储备的养分来维系极其缓慢的新陈代谢。冬眠期间，棘胸蛙选择在山溪的深水潭或溪边泥土洞穴中蛰伏。这些地点提供了良好的保温条件，帮助它们度过寒冷的冬季。冬眠开始于霜降，直至惊蛰时节，当水温回升至 12 ℃以上，部分棘胸蛙会开始在洞口附近或跳离洞穴活动，准备迎接春季的到来。水温超过 30 ℃时，棘胸蛙的摄食活动会减少。

1.3.4　棘胸蛙的繁殖行为

棘胸蛙的繁殖行为独特，雌雄棘胸蛙必须在流动的水域中产卵，雄性通过强有力的拥抱和腹部棘刺来保持双方在水流中的稳定。雄性棘胸蛙的第二性征明显，表现为体型较大，前肢粗壮，拥有发达的婚刺。这些特征在繁殖季节尤为重要，确保在湍流中稳固抱持雌性进行交配。此外，雄蛙发出的"咕咕咕"叫声和雌蛙回应的"咔咔咔"声，是它们求偶过程中的通信方式。

4 至 6 月和 8 至 9 月是棘胸蛙繁殖的高峰期。卵通常产于水流平缓的浅水区，附着于石块或水生植物上，卵外的胶质膜在水中膨胀，形成保护层。根据水温，卵通常在 8 至 15 天孵化成蝌蚪，经过 50 至 78 天的成长，最终变态为幼蛙。

1.4　棘胸蛙的形态结构特征及生物学意义

1.4.1　棘胸蛙的形态结构特征

棘胸蛙，因其体形较大且粗壮，是一种引人注目的两栖动物。成年棘胸蛙的体长通常在 10～13 厘米，个别个体甚至可以达到 15 厘米，这在蛙类中属于较大体型。其外形与黑斑蛙或虎纹蛙相似，但棘胸蛙的体色变化多样，展现出大自然的奇妙色彩。棘胸蛙的体色可以是黑色，带有醒目的白色中线，或是棕黄色、暗红色，甚至呈现出独特的花纹。这些色彩和图案不仅增加了棘胸蛙的观赏性，也可能是其在自然环境中的一种保护色，帮助它们更好地融入周围的岩石和植被，以躲避天敌。棘胸蛙作为蛙科中体型较大、体态粗壮的成员，拥有独特的生物学特征，其结构和形态适应了特定的生活习性和生态环境。棘胸蛙的基本形态结构特征如下。

1.4.1.1 头部特征

（1）头部形状

棘胸蛙头部扁平宽阔，吻端呈钝圆形[9]，稍微突出于下颌，吻棱不明显，脸颊向两侧倾斜。

（2）口裂

口位于头部前端，口裂延伸至眼后。

（3）眼睛构造

棘胸蛙的眼睛位于头部最高点，呈椭圆形，视野开阔，便于捕食和警戒。具备上下眼睑，同时下眼睑内侧有一层红棕色的透明薄膜，称为瞬膜，起到保护眼球的作用。

（4）听觉器官

鼓膜不明显，但其存在一条纵状的颞褶。颞褶是位于眼后方的一条纵向褶皱。这条纵状的颞褶表明中耳的存在。因此，棘胸蛙有中耳腔，听觉灵敏，通过颞褶感知声音。

（5）嗅觉器官

棘胸蛙有两对鼻孔，分别位于吻部与眼之间，鼻间距与眼间距几乎相等。鼻孔通过鼻腔与内鼻孔、口咽腔相连，不仅是呼吸空气的通道，也参与嗅觉感知，帮助棘胸蛙识别环境中的化学信号。

（6）呼吸系统

棘胸蛙鼻腔与口咽腔相连，是呼吸的主要通道。外鼻孔上有瓣膜，对呼吸功能有重要作用。

棘胸蛙的头部结构体现了其作为两栖动物的典型特征，同时也展示了一些适应其生活环境的独特设计,反映了其适应复杂环境的特殊需求。这些结构使棘胸蛙能够在水陆两栖的环境中高效生存,包括捕食、逃避天敌和感知周围环境的能力。

1.4.1.2　躯干与四肢

(1)躯干结构

棘胸蛙的躯干短而扁平,无明显颈部,躯干末端有泄殖孔。

(2)四肢特点

棘胸蛙有发达的四肢,前肢较短而强壮,主要用于支撑和爬行,后肢长而强壮,肌肉发达,适合跳跃。前肢由上臂、下臂、腕、掌和四指组成,四指分开,指间无蹼,指端圆而略膨大,关节下的瘤发达,尤其第一指最为显著;后肢强壮且长,肌肉发达,由股骨、胫骨、跗骨、距骨和五趾构成,胫跗关节前伸可达眼部附近。趾间有蹼,趾端肿大成显著的圆球状,适应攀爬岩石环境。

1.4.1.3　性别差异

(1)雄性特征

雄性棘胸蛙前肢特别发达,比雌性的更为粗壮。背部有长短不一的窄长疣排列,这些疣断续成行排列,间杂有小圆疣。性成熟后的雄蛙整个胸部会有黑刺状棘突[9],这些棘突基部有肉质疣状隆起,但并不像某些其他蛙类那样分成两团。二指内侧也有刺突。有单咽下内声囊,用于发出求偶叫声。腹面呈淡黄白色,与雌性有细微的颜色差别。

(2)雌性特征

雌性棘胸蛙前肢相对较小,不如雄性发达。雌蛙背部无窄长疣,而是散布着分散的圆疣,这与雄性的外观形成鲜明对比。雌蛙胸部无刺状棘突和隆起。与雄性相比,其腹部更加光滑,呈白色。

棘胸蛙的这些结构特征不仅展现了其进化过程中对环境的适应,也反映了其生活习性,如夜间活动、栖息于山涧溪流附近的岩石缝隙中。了解棘胸蛙的生物学特征对于其保护和养殖管理具有重要意义。

1.4.2 棘胸蛙形态结构特征的生物学意义

1.4.2.1 棘胸蛙头部特征的生物学意义

棘胸蛙的头部特征确实体现了其独特的适应性和生存策略。头部扁平宽阔，吻端钝圆的设计，有助于棘胸蛙在岩石缝隙和山涧溪流中高效地移动和定位。这种头部形状有重要的生物学意义。

（1）捕食效率

扁平宽阔的头部使棘胸蛙能够更容易地在狭窄的空间中捕捉猎物，如昆虫、小型甲壳动物和其他小型无脊椎动物，这种扁而宽阔的形状有利于其在水中和陆地上捕捉食物。钝圆的吻端有助于它们在岩石间穿梭，减少碰撞和阻力，在捕食时更加高效。口裂延伸至眼后，这使棘胸蛙能够张开较大的嘴巴，轻松捕食各种昆虫和小型动物。眼睛大而突出，有助于它们在夜间或昏暗环境中敏锐地捕捉猎物。

（2）隐蔽性

棘胸蛙的头部形状与它们的栖息地相匹配，有助于它们更好地融入岩石和水下的环境，减少被天敌发现的机会。吻端稍微突出于下颌，使它们在静止时可以更加隐蔽，不易被察觉。

（3）感官定位

棘胸蛙的眼睛位置较高，视野开阔，有助于它们在复杂的环境中快速定位食物和潜在的威胁。这种头部设计有利于它们在夜间或光线较暗的环境中，依靠视觉进行狩猎。

（4）结构稳定性

脸颊向两侧倾斜的特征增加了头部的稳定性，有助于棘胸蛙在不平坦的地面上保持平衡，特别是在湿润或滑腻的岩石表面上。同时，颊部向外倾斜，增加了头部的立体感，有助于在水下保持稳定性。

总之，棘胸蛙头部的形状是其适应特定生态环境的重要体现，不仅提高了其生存和繁殖的能力，也反映了两栖动物在进化过程中对环境变化的响应。这种适应性特征是棘胸蛙能够在山区溪流、岩石缝隙等特殊环境中生存下来的关键因素之一。

1.4.2.2　棘胸蛙眼部结构特征的生物学意义

棘胸蛙的眼睛构造是其适应复杂环境和生活方式的重要组成部分，具有重要的生物学意义。

（1）眼睛位置与形状

① 位置：棘胸蛙的眼睛位于头部的最高点，这种位置的选择是为了最大化其视野范围，视野开阔，能够观察远距离、近距离或运动中的物体。在棘胸蛙所栖息的山涧溪流环境中，高置的眼睛能够帮助它们监测周围环境，及时发现食物和潜在的威胁。

② 形状：眼睛呈椭圆形，这种形状有助于收集更多的光线，尤其是在光线较弱的环境下，如夜间或阴暗的岩石缝隙中，椭圆形的眼睛能够提供更好的视觉敏感度。

（2）瞬膜功能

① 保护机制：棘胸蛙下眼睑内侧具有一层红棕色的透明瞬膜，这层瞬膜可以在棘胸蛙闭眼时覆盖眼球，起到保护眼球免受伤害的作用，尤其是在水中或岩石缝隙中移动时，可以防止异物进入眼睛。尤其是在水下时，可以闭合瞬膜从而保护眼球免受伤害。

② 视觉调节：瞬膜的存在还允许棘胸蛙在不完全闭合眼睛的情况下调节进入眼睛的光线量，从而在不同光照条件下保持最佳的视觉效果。

（3）视野与捕食

开阔视野：棘胸蛙的眼睛位置和形状为其提供了广阔的视野，这在捕食和警戒时非常有利。它们能够同时监控多个方向，有效地捕捉移动的猎物或快速反应以避开捕食者。

棘胸蛙眼睛的这些独特构造，是其长期进化过程中对特定生态环境适应的结果。这些适应性特征不仅帮助棘胸蛙在复杂的山涧溪流环境中生存下来，也使得它们成为生态系统中不可或缺的一部分。对棘胸蛙眼睛构造的研究，可以更深入地理解两栖动物如何通过进化适应其生活环境，以及它们在自然界中的重要角色。

1.4.2.3 棘胸蛙听觉器官结构特征的生物学意义

棘胸蛙的听觉器官构造与其生活方式紧密相关，展现出了一种独特的适应性。与许多其他两栖动物一样，棘胸蛙的鼓膜并不明显，这意味着它们的听觉系统在外观上可能不如哺乳动物那样容易辨认。然而，棘胸蛙确实具备一套有效的听觉机制，这主要通过中耳腔和颞褶来实现。

（1）中耳腔的作用

声音传导：棘胸蛙的中耳腔虽然不像哺乳动物那样有明显的鼓膜，但依然能接收和传导声波。声波通过外界介质（通常是空气或水）传播到达棘胸蛙的头部，然后通过骨骼结构传导至中耳腔内的听觉感受器。

（2）颞褶的功能

①声波感应：颞褶是棘胸蛙听觉系统的一个重要组成部分，它位于眼睛后方，是一条纵向的褶皱。这条褶皱实际上是一个敏感的结构，能够感应到声波引起的微小振动，听觉相对灵敏。

②声音定位：颞褶的存在帮助棘胸蛙确定声音的方向。通过比较不同耳朵接收到的声音时间差和强度差，棘胸蛙能够判断声源的位置，这对于在复杂环境中寻找配偶或警戒捕食者至关重要。

（3）听觉灵敏度

棘胸蛙的听觉灵敏度相当高，这得益于其听觉器官的独特结构。它们能够听到不同频率的声音，这对于识别特定的环境信号（如同类的叫声等）非常重要。在繁殖季节，雄性棘胸蛙会发出特定的叫声吸引雌性，雌性通过听觉辨识这些声音，找到合适的交配伴侣。

棘胸蛙听觉系统的这些特性反映了其在自然选择过程中的适应性进化，使得它们能够在多变的环境中生存和繁衍。通过进一步研究棘胸蛙的听觉机制，科学家们可以更好地理解两栖动物的感官系统，以及它们如何与环境互动，这对于保护生物多样性和生态系统的健康具有重要意义。

1.4.2.4 棘胸蛙呼吸系统结构特征的生物学意义

棘胸蛙的呼吸系统设计精巧，既适应了其两栖的生活方式，也体现了其对陆地和水下环境的适应性，具有重要的生物学意义。

（1）鼻孔与鼻腔

① 鼻孔位置：棘胸蛙的两个鼻孔位于吻端与眼睛之间，这样的位置布局有助于其在陆地上或水中呼吸时，最大限度地减少水或土壤颗粒进入呼吸道的风险。

② 鼻间距与眼间距：鼻孔之间的距离与眼睛之间的距离相近，这种布局使棘胸蛙在探出水面呼吸时，能够同时保持头部的稳定性，减少因头部动作过大而惊扰潜在的猎物或捕食者。

（2）呼吸通道

鼻腔与口咽腔的连接：棘胸蛙的鼻腔直接与口咽腔相连，形成一个开放的呼吸通道。这种设计使棘胸蛙能够在陆地上通过鼻子吸入空气，也可以在水中通过嘴巴吞入含氧的水，然后在口腔和咽喉部位进行气体交换，这一过程被称为皮肤呼吸或口腔黏膜呼吸。

（3）瓣膜的作用

控制水流与空气：棘胸蛙的外鼻孔上有一个瓣膜，这个瓣膜在呼吸过程中扮演着至关重要的角色。当棘胸蛙处于水中时，瓣膜可以关闭，防止水进入呼吸道；而在陆地上呼吸时，瓣膜打开，允许空气顺畅进出鼻腔，参与呼吸过程。

棘胸蛙的呼吸系统设计使它们能够灵活地在陆地和水中进行呼吸，这种双模式呼吸能力是两栖动物适应多变环境的关键特征之一。通过鼻孔、鼻腔、口咽腔以及瓣膜的协同工作，棘胸蛙能够在不同的生态环境中维持生命活动，体现了其在进化过程中的适应性和生存智慧。

1.4.2.5 棘胸蛙躯干形态结构特征的生物学意义

棘胸蛙的躯干结构设计是其适应特定生活方式和栖息环境的重要体现，具有重要的生物学意义。

（1）短而扁平的躯干

适应性：棘胸蛙的躯干短而扁平，这种结构有助于它们在岩石缝隙、山涧溪流等狭窄空间中移动和隐蔽。扁平的躯体减少了在狭小环境中的摩擦力，使棘胸蛙能够更轻松地在岩石间穿行，逃避捕食者或接近猎物。

（2）缺乏明显颈部

灵活性与稳定性：棘胸蛙没有明显颈部，头部直接连接到躯干上。这种结构虽然限制了头部的转动范围，但增加了身体的整体稳定性。在跳跃或快速移动时，缺乏明显颈部的结构有助于保持身体的平衡，减少因头部晃动而造成的不稳定。

（3）泄殖孔的位置

功能整合：棘胸蛙的躯干末端有泄殖孔，这是一个多功能的开口，用于排泄废物、生殖和产卵，是排泄和生殖的共同开口，这一特征在两栖动物中很常见。这种整合的功能设计减少了身体结构的复杂性，同时确保了重要生理功能的高效执行。

棘胸蛙的躯干结构体现了其在进化过程中对特定生态环境的适应。短而扁平的躯干、缺乏明显颈部以及泄殖孔的特殊位置，都是为了优化其在山涧溪流和岩石缝隙等复杂环境中的生存能力。这种结构设计不仅有助于棘胸蛙的日常活动，如觅食、避敌和繁殖，也反映了两栖动物在长期进化历程中对环境挑战的响应。

1.4.2.6　棘胸蛙四肢形态结构特征的生物学意义

棘胸蛙的四肢设计反映了其独特的生活方式和栖息地需求，具有重要的生物学意义。

（1）前肢

① 支撑与爬行：棘胸蛙的前肢相对较短，但非常强壮，主要负责支撑身体和协助爬行。这种设计使棘胸蛙能够在岩石表面或不平坦的地面上稳固站立，特别是在湿润或滑腻的环境中，短而强壮的前肢提供了额外的稳定性。

② 抓握力：前肢由上臂、下臂、腕、掌和四个手指组成，同时手指间无蹼，这种结构使它们在爬行时能够更精确地抓住岩石表面的细微凹凸，提供更好的抓握力。

（2）后肢

① 跳跃与推进：棘胸蛙的后肢长而强壮，肌肉发达，特别适合于跳跃。这种结构使棘胸蛙能够快速地跨越较长的距离，无论是逃离捕食者还是追捕猎物，跳跃能力都是棘胸蛙生存的关键。同时，胫跗关节前伸可达眼部附近，表明其跳跃能力强大。

② 游泳推进力和攀岩抓握力：后肢脚趾间有蹼，趾端肿大成圆球状。这使得棘胸蛙不仅能在陆地上迅速跳跃，也能在水中有效划水。蹼的存在增加了在水中游泳时的推进力。趾瘤发达，圆球状的趾端则增强了其在岩石表面的抓握能力，特别是在攀爬垂直或倾斜的岩石时。这种适合攀爬粗糙的岩壁结构，也赋予了棘胸蛙在自然环境中生存的重要能力之一。

棘胸蛙四肢的这些特点，体现了其在进化过程中对山涧溪流和岩石缝隙等复杂环境的适应。强壮的前肢和适合跳跃的后肢，不仅使棘胸蛙能够在多变的地形中灵活移动，还支持了其捕食和逃避捕食者的生存策略。通过前肢的支撑和后肢的强力跳跃，棘胸蛙展现了两栖动物特有的运动能力和生存智慧。

1.4.2.7 雄性棘胸蛙显著特征的生物学意义

雄性棘胸蛙的特征鲜明，这些特征不仅是性别区分的标志，也是其繁殖行为和社会互动的重要组成部分，具有重要的生物学意义。

（1）发达的前肢

支撑与战斗：雄性棘胸蛙的前肢比雌性更加发达，指端呈圆球形[9]，这与它们在繁殖季节中的抱握雌蛙的行为有关。强壮的前肢不仅可以帮助雄蛙在岩石间稳固站立，还可能在与其他雄性竞争时用作支撑或战斗的工具。

（2）背部的窄长疣

性别标识：性成熟的雄性棘胸蛙背部会有排列整齐的窄长疣，这些疣状突起可能是吸引雌性注意的视觉信号，也可能在雄性间的竞争中发挥作用。

（3）黑刺状棘突

性成熟标志：雄性棘胸蛙在性成熟后，胸部会出现黑刺状的棘突。这些棘突可能在抱对过程中起到固定雌性或刺激雌性的作用，是繁殖行为中的重要组成部分。这些结构增加了摩擦力，有助于在湿滑的环境中保持稳定，同时也可能是防御机制的一部分。二指内侧也有刺突，这些特征在繁殖季节尤为重要，可能用于抱握雌蛙或在雄性间的竞争中使用。

（4）淡黄白色的腹面

色彩对比：雄性棘胸蛙的腹面通常呈淡黄白色，与身体其他部位的深色形成鲜明对比。这种色彩对比可能是吸引雌性或在繁殖竞争中展示自身健康状态的方式。

（5）单咽下内声囊

求偶叫声：雄性棘胸蛙拥有一个位于咽部下方的内声囊，声囊孔呈长裂状[9]，这一结构使它们能够发出响亮的求偶叫声。求偶叫声是繁殖季节中雄性棘胸蛙吸引雌性、宣示领地和威慑竞争对手的重要手段。研究表明，棘胸蛙求偶鸣叫的音节数与棘胸蛙的体温有显著相关性，因其体温与气温有关，则也可以推断出棘胸蛙求偶鸣叫与气温密切相关[10]。

这些特征共同构成了雄性棘胸蛙独特的生物标志，不仅有助于繁殖行为的顺利进行，也是其生态角色和社会动态的重要体现。通过研究这些特征，科学家们能够更深入地理解棘胸蛙的繁殖策略、社会结构以及环境适应性，从而为保护这一物种提供科学依据。

1.4.2.8　雌性棘胸蛙显著特征的生物学意义

雌性棘胸蛙的特征与雄性有显著区别，这些差异主要体现在体型、皮肤纹理和生殖生理等方面。以下是雌性棘胸蛙的一些显著特征。

（1）较小的前肢

功能需求：相较于雄性，雌性棘胸蛙的前肢相对较小，这可能与它们的日常活动需求和繁殖行为中的角色有关。雌性棘胸蛙的前肢尺寸虽小，但仍足以支撑其在岩石间移动和觅食。

（2）分散的圆疣

皮肤纹理：雌性棘胸蛙的背部没有雄性那种排列整齐的窄长疣，而是散布着圆疣。这些圆疣可能与个体的健康状况、年龄或环境适应性有关，但它们并不承担雄性疣状突起在繁殖中的角色。

（3）缺乏刺状棘突

性征差异：与雄性棘胸蛙胸部的黑刺状棘突不同，雌性棘胸蛙的胸部没有这类突起。这再次强调了两性在繁殖策略和生理结构上的差异，雄性的棘突在抱对和繁殖行为中扮演特定角色，而雌性则无须此类结构。

（4）光滑的腹面

颜色与质地：雌性棘胸蛙的腹面通常光滑且呈白色[9]。这种颜色和质地可能有助于隐藏或伪装，特别是在产卵和保护卵的过程中，避免捕食者的注意。

雌性棘胸蛙的这些特征反映了其在繁殖周期和日常生存策略中的角色。与雄性相比，雌性在繁殖季节中更多地专注于卵的生产和孵化，因此它们的生理结构和行为可能更侧重于卵的保护和幼体的存活。雄性与雌性的外观差异，特别是雄性在繁殖季节出现的特殊结构，是进化过程中为了提高繁殖成功率而形成的适应性特征。通过对比雄性和雌性的特征，能够更全面地理解棘胸蛙这一物种的生物学特性和生态角色。

1.5　棘胸蛙和棘腹蛙的异同

棘胸蛙与棘腹蛙都是中国特有的两栖动物。它们属于不同的属，但也有一些地区将棘胸蛙和棘腹蛙统称为石蛙，实际上它们两者属于不同的属。因此在分类学上，石蛙通常是指棘胸蛙。但棘胸蛙和棘腹蛙在外观上有某些相似之处，同时也存在明显的区别。以下是两者的异同点。

1.5.1　棘胸蛙

1.5.1.1　体型与外观

棘胸蛙是一种大型的野生蛙，雄蛙比雌蛙大，背部有成行的长疣和小型圆疣，雌蛙背部则散布小型圆疣，腹部光滑带有黑点。雄蛙胸部有大团刺疣，刺疣中央有角质黑刺，这是"棘胸"名字的由来。

1.5.1.2　保护状况

棘胸蛙在中国受到保护，属于易危品种，已被世界自然保护联盟列为濒危物种[2]，面临的主要威胁包括栖息地破坏、环境污染，以及作为食物被捕猎。

1.5.2　棘腹蛙

1.5.2.1　体型与外观

棘腹蛙体大而肥壮，体长可达 97～110 毫米，雄性个体稍大。皮肤粗糙，背面有成行排列的窄长疣，趾间全蹼。雄性前肢特别粗壮，胸腹部满布大小黑刺疣。成体背面颜色多为土棕色或浅酱色，有不规则的黑斑，四肢背面有黑色横纹。

1.5.2.2　保护状况

棘腹蛙也被列为易危品种，面临的濒危原因同样包括作为食物被捕猎、栖息地破坏和环境污染。

1.5.3　两者的异同总结

1.5.3.1　相似点

两者都是大型的野生蛙类，具有粗糙的皮肤和刺疣，雄性个体比雌性更大，且在保护状况方面都面临相似的威胁，它们均属于国家二级保护动物。

1.5.3.2　不同点

（1）分类学区别

棘胸蛙是一个物种，而棘腹蛙是另一个独立的物种，与棘胸蛙在学名和分类地位上不同，它们在分类学上属于不同的属。

（2）外观与体型

棘胸蛙和棘腹蛙在外观上有明显区别，如背部和胸部的刺疣分布不同，棘胸蛙的刺疣主要集中在胸部，而棘腹蛙的刺疣遍布胸腹部。两者体型也存在差异，棘胸蛙通常体型更大。

（3）分布与生态习性

尽管它们的分布区域有重叠，但具体栖息地偏好和生态习性可能有所不同。例如，棘胸蛙更倾向于生活在水流湍急的山涧，而棘腹蛙可能偏好相对静水的环境。这也意味着它们的保护策略需要有针对性地制定。

1.6 棘胸蛙成蛙的内部构造及功能

棘胸蛙作为脊椎动物的一员,其内部构造涵盖了消化、呼吸、循环、骨骼、肌肉、神经、生殖、排泄等主要器官系统,每个系统都在棘胸蛙的生命活动中扮演着不可或缺的角色。以下是对几个与棘胸蛙喂养密切相关系统的简要介绍。

1.6.1 消化系统

棘胸蛙的消化系统设计精妙,适应了其特定的饮食习惯和生活方式。以下是棘胸蛙消化系统的主要组成部分及其功能。

1.6.1.1 消化道结构

(1)口与口咽腔

棘胸蛙的口位于头部前端,棘胸蛙的口咽腔是消化道的起点,是食物进入消化道的第一个部位,其中包含肌肉质的舌和分泌黏液的唾液腺。舌的颜色为黄白色,结构简单,舌根固定于下颌前沿,舌尖分叉,通常朝向咽部,处于游离状态,能够自由伸卷,有助于捕捉和吞咽食物。口腔内壁覆盖着黏膜细胞,除了帮助吞咽,还具有味觉功能。

(2)牙齿

在上颌骨和前颌骨边缘有一排牙齿,这些牙齿主要用于抓住食物,但不具备咀嚼功能。

(3)食道

食道是从口腔到胃的通道,很短,位于喉部背面,身体正中线位置。这是一个连接口咽腔和胃的管道,负责将食物输送到胃部。

(4)胃

胃位于胸腹右侧,形状略弯曲,类似于袋状,是消化道中扩张的部分,肌肉层非常厚实，有助于食物的研磨和消化。胃与小肠的交界处称为幽门。胃负责初步消化食物，通过胃酸和消化酶分解蛋白质和其他成分。

（5）小肠

小肠分为十二指肠、空肠和回肠三段。小肠是消化和吸收营养物质的主要场所，食物在这里被进一步分解，通过复杂的折叠结构增加吸收面积，营养物质被吸收进入血液循环。

（6）大肠（直肠）

大肠比小肠稍大，形状更为径直，包括盲肠、结肠和直肠，最终下端开口于泄殖腔，主要负责水分的再吸收和食物残渣的排泄。

（7）泄殖腔

泄殖腔是消化道的最后一部分，同时也是泌尿系统的出口，棘胸蛙的排泄物和未消化的食物残渣由此排出体外。

1.6.1.2　消化腺功能

棘胸蛙的消化腺是其消化系统中至关重要的组成部分，负责分泌多种消化酶和液体，以促进食物的消化和营养物质的吸收。棘胸蛙的消化腺主要包括胃腺、肝脏、胰脏和胆囊，它们各自发挥着不同的消化辅助作用。棘胸蛙的消化腺系统高度专业化，能够高效地处理其食物，从肉类到植物性食物，确保棘胸蛙能够获取所需的营养，维持其活力和生长。通过这些消化腺的协调工作，棘胸蛙能够适应其多样的饮食习性，同时保持身体的健康状态。

（1）胃腺

功能：分泌胃液，其中包括盐酸和胃蛋白酶，用于初步分解蛋白质。

（2）肝脏

① 位置与结构：肝脏体积较大，颜色为红褐色，位于胸腹腔的前端，由左右两叶和一个较小的中叶组成。左叶又细分为两个不张开的前后两叶。

② 功能：肝脏是体内最大的消化腺，负责合成和分泌胆汁，胆汁中含有胆盐，帮助脂肪的乳化和消化。

（3）胆囊

① 位置与结构：胆囊位于肝脏的左右两叶之间，颜色为黄绿色，形状近似圆形，内部贮存着胆汁。

② 功能：胆囊的主要作用是浓缩和储存肝脏分泌的胆汁，当需要消化脂肪时，胆汁通过胆管释放到消化道中。

（4）胰脏

① 位置与结构：胰脏位于十二指肠的弯曲处，颜色为不规则的淡红色或黄白色，是一个腺体组织。

② 功能：胰脏分泌胰液，含有多种消化酶，如淀粉酶、脂肪酶和蛋白酶，用于在小肠中进一步分解糖类、脂肪和蛋白质。

1.6.1.3　消化过程

（1）蛋白质消化

在胃中，蛋白质在盐酸和胃蛋白酶的作用下被初步分解。

（2）脂肪和糖类消化

脂肪、糖类和继续分解的蛋白质在小肠中，受到胃液、胰液、胆汁和肠肽酶的共同作用，被进一步消化和吸收。

（3）排泄

未被消化吸收的食物残渣最终通过泄殖腔排出体外。

棘胸蛙的消化系统高效地完成了食物的摄取、消化和吸收，以及废物的排泄。这种消化系统的结构和功能安排，使棘胸蛙能够充分利用其食物资源，适应其自然环境中的食物条件。通过口腔的捕捉和吞咽，胃部的初步消化，小肠的营养吸收，再到大肠的水分回收和废物排出，棘胸蛙的消化系统展示了两栖动物消化生理的复杂性和适应性。

1.6.2　呼吸系统

棘胸蛙的呼吸系统是其适应两栖生活方式的关键组成部分，它结合了肺呼吸和皮肤呼吸两种机制，以满足其氧气需求和生存需求。

1.6.2.1　肺呼吸

棘胸蛙的肺呼吸过程涉及一系列呼吸器官，包括鼻孔、鼻腔、口咽腔、喉、气管和肺。空气首先通过外鼻孔进入，再经由内鼻孔到达口咽腔。口咽腔的黏膜可以进行少量的气体交换，但大部分气体通过气管进入肺部。棘胸蛙的肺呈囊状，结构相对简单，由一个大肺泡和许多小肺泡组成。这些肺泡内壁布满了毛细血管和蜂窝状组织，提供了一个大面积的气体交换界面。肺泡中的毛细血管与肺泡内壁紧密接触，使得氧气能够有效地从空气中扩散到血液中，同时二氧化碳从血液中扩散到空气中，完成气体交换。

1.6.2.2　特殊的呼吸方式

棘胸蛙没有肋骨和胸廓，这与哺乳动物的呼吸方式不同。它们采用一种类似吞咽的呼吸方式，通过口咽腔的扩张和收缩来吸入和呼出空气，这种呼吸方式被称为"口腔泵送"或"吞咽式呼吸"。

1.6.2.3　皮肤呼吸

棘胸蛙的肺构造简单，单独的肺呼吸无法完全满足其氧气需求，因此皮肤呼吸在棘胸蛙的呼吸系统中扮演着重要角色。棘胸蛙的皮肤由表皮和真皮组成，表皮具有一定程度的角质化，有助于防止体内水分过度蒸发。真皮内含有丰富的血管网络和发达的淋巴间隙，这使得皮肤能够进行有效的气体交换。皮肤呼吸依赖于皮肤保持湿润，棘胸蛙通过分泌黏液来维持皮肤的湿润状态，同时它们倾向于栖息在潮湿环境中，这也是为了确保皮肤呼吸的正常进行。

棘胸蛙的呼吸系统是其对环境适应性的一个体现，肺呼吸和皮肤呼吸的结合，使它们能够在陆地和水体环境中生存，体现了两栖动物独特的生理特征和生存策略。

1.6.3 肌肉系统

棘胸蛙的肌肉系统是其生理结构中极其重要的一部分，它不仅支撑着棘胸蛙的各种运动机能，还直接影响着其生存和繁殖能力。

1.6.3.1 横纹肌

分布与功能：横纹肌是棘胸蛙肌肉系统中最显著的部分，它具有明显的横纹结构，力量强大但易疲劳。横纹肌主要分布在骨骼、四肢和体壁上，负责棘胸蛙的大部分主动运动，如跳跃、爬行和捕食。在棘胸蛙中，四肢部肌肉尤为发达，尤其是后肢肌肉，这与棘胸蛙擅长跳跃的行为密切相关，强大的后肢肌肉能够提供足够的爆发力，使棘胸蛙能够迅速跳跃以逃避天敌或捕获猎物。

1.6.3.2 平滑肌

分布与功能：平滑肌分布在棘胸蛙的内脏器官中，如消化道、血管和膀胱。与横纹肌不同，平滑肌的收缩更为平滑且具有持续性，不受意志控制，主要负责维持棘胸蛙体内器官的正常运作，如消化道蠕动、血液循环和排泄功能。

1.6.3.3 心肌

功能：心肌是构成心脏的肌肉组织，负责心脏的泵血功能，确保血液在棘胸蛙体内循环，为全身提供氧气和营养物质，同时帮助排除代谢废物。心肌具有自动节律性，能够自主收缩，不需要神经系统直接控制。

棘胸蛙肌肉系统的这种分工明确、功能专一的特点，是其进化过程中对特定生活方式和生态环境适应的结果。横纹肌的发达使棘胸蛙能够在复杂的环境中高效地移动，平滑肌则确保了棘胸蛙内部生理过程的稳定运行，而心肌则支撑着棘胸蛙生命活动的基本需求。这种肌肉系统的优化配置，使棘胸蛙能够在其自然栖息地中展现出卓越的生存能力。

1.6.4 生殖系统

棘胸蛙的生殖系统是其生命周期中一个至关重要的组成部分，它决定了棘胸蛙的繁殖能力和后代的生存机会。棘胸蛙的生殖系统设计巧妙，既适应了其两栖的生活方式，又确保了繁殖过程的高效和后代的生存机会。通过雄性和雌性棘胸蛙生殖系统的协同作用，棘胸蛙能够在特定的繁殖季节中产生大量的后代，从而保持种群的繁盛和遗传多样性。

1.6.4.1 雄性棘胸蛙的生殖系统

（1）睾丸

雄性棘胸蛙的生殖腺是一对椭圆形浅黄色的睾丸，其大小会根据个体差异和季节变化而有所不同。睾丸位于腹腔的背侧，肾脏前端腹面。睾丸负责产生精子，是雄性棘胸蛙繁殖能力的核心。

（2）输精小管与脂肪体

精子通过输精小管从睾丸运输至肾脏，然后进入输尿管，最终到达泄殖腔。在睾丸前方，有一对金黄色、分枝呈指状的脂肪体，这些脂肪体在休眠期和繁殖期间为精子提供营养和能量，其大小会随着繁殖季节的到来而发生变化。

1.6.4.2 雌性棘胸蛙的生殖系统

（1）卵巢

雌性棘胸蛙的生殖腺是一对多叶的卵巢，位于腹腔内，肾脏前端的腹面。卵巢负责产生卵子，是雌性棘胸蛙繁殖能力的基础。雌性棘胸蛙的性成熟年龄为3年，属于多次产卵类型[11]。

（2）脂肪体

与雄性相似，雌性棘胸蛙卵巢前部也有一对金黄色的脂肪体，在卵巢前部，这些脂肪体在繁殖季节中为卵子的成熟和发育提供必需的营养和能量。

（3）输卵管

成熟的卵子在输卵管内被包裹上一层胶状物质，这层胶状物质在卵子的外部形成一个保护层，有助于卵子在体外环境中保持水分和防止微生物侵袭。

1.6.4.3 受精与卵子的排放

体外受精：棘胸蛙进行体外受精，这意味着雌性棘胸蛙将成熟的卵子通过泄殖腔排出体外，雄性棘胸蛙随后释放精子，精子在水中游向卵子，完成受精过程。

总之，棘胸蛙的这些系统的内部构造反映了其适应特定生活方式的生理特征，同时也为饲养者提供了理解棘胸蛙健康状况和生活习惯的基础知识。

1.7 棘胸蛙蝌蚪的形态特征及生物学意义

1.7.1 棘胸蛙蝌蚪的主要形态特征

棘胸蛙蝌蚪的形态特征是其生命周期早期阶段的显著标志，新生的蝌蚪呈现出独特的棕黄色，体长为 0.6 至 0.8 厘米，尾巴长约 1 厘米，外形酷似鼓槌。这一阶段的特征与成年棘胸蛙有着明显的区别。

1.7.1.1 躯体特征

（1）形状

棘胸蛙蝌蚪的躯体呈现长条状，不同于成年棘胸蛙的扁平体型，这种形状有助于蝌蚪在水中游动。

（2）尾巴

蝌蚪的尾巴肥厚且有力，是其在水中游动的主要动力来源。尾巴的形状和肌肉发达程度，反映了棘胸蛙蝌蚪适应水生生活的特性。

1.7.1.2 肤色与斑点

（1）肤色

棘胸蛙蝌蚪的肤色通常为暗黄色，这种颜色有助于其在水底环境中进行伪装，降低被捕食的风险。

（2）斑点

蝌蚪体表分布有黑色的星星小点，这些斑点不仅是其外观的特色，也可能在自然环境中起到一定的伪装作用。

1.7.1.3 黑色"V"字形花纹

花纹位置：在躯体与尾部衔接处，棘胸蛙蝌蚪通常会有一块黑色的"V"字形花纹，这是棘胸蛙蝌蚪的一个显著特征，有助于个体识别。

1.7.1.4 吸附能力

吻突：棘胸蛙蝌蚪的吻部（即头部前端）有发达的吻突。这种结构使蝌蚪具有很强的吸附能力，可以帮助它们附着在水底的石头或植物上，以利于进食和休息。

1.7.1.5 呼吸系统

鳃呼吸：与成年棘胸蛙的肺呼吸不同，棘胸蛙蝌蚪通过鳃来进行呼吸。鳃位于蝌蚪头部两侧，能够从水中提取氧气，满足其生命活动的需求。

棘胸蛙蝌蚪的这些形态特征是其适应水生环境和完成从蝌蚪到成蛙转变过程中的重要生理适应。随着时间的推移，蝌蚪将逐渐失去尾巴，发育出四肢，皮肤颜色和纹理也会发生变化，最终转变为具有肺呼吸能力的成年棘胸蛙。这一过程不仅反映了生物个体的发育变化，也是生物进化的微观体现。

1.7.2 棘胸蛙蝌蚪主要形态特征的生物学意义

1.7.2.1 棘胸蛙蝌蚪躯体特征的生物学意义

棘胸蛙蝌蚪的躯体特征及其生物学意义体现了其在水生环境中的适应性和生存策略。

（1）躯体形状：长条状

棘胸蛙蝌蚪的长条状躯体减小了其在水中游动时的阻力，使其能够更高效地在水中移动。这种流线型的体型是水生生物适应水环境的常见特征，有助于蝌蚪节省能量，提高游泳速度，从而更有效地寻找食物、躲避天敌或迁移到更适合的栖息地。

（2）尾巴：肥厚且有力

蝌蚪的肥厚尾巴不仅是其游泳的主要动力来源，而且其肌肉的发达程度反映了其在水生环境中的生存优势。强壮的尾巴肌肉能够提供强大的推动力，使蝌蚪能够快速前进或突然转向，这对于捕食小型水生生物或逃脱捕食者的追逐至关重要。此外，尾巴的形状和肌肉结构也使蝌蚪能够维持在水中的稳定性和方向控制，这是其在复杂水生环境中生存的关键能力。

棘胸蛙蝌蚪的这些特征是其在水生环境中成长和发育的基础，它们不仅有助于蝌蚪在水下生存，还为其最终转变成陆地生活的成年棘胸蛙奠定了生理和行为上的准备。通过在蝌蚪阶段适应水生生活，棘胸蛙蝌蚪能够充分利用水体资源，同时发展出适应陆地生活所需的能力，如肺呼吸和四肢运动能力，为其成年后在陆地和水体之间交替生活做好准备。这种从水生到两栖生活方式的转变，是棘胸蛙生命周期中一个复杂而精妙的生物演化过程。

1.7.2.2 棘胸蛙蝌蚪肤色与斑点特征的生物学意义

棘胸蛙蝌蚪的肤色与斑点不仅是其外观上的显著特征，而且在生物学意义上具有重要的生态功能。

（1）肤色：暗黄色的伪装

棘胸蛙蝌蚪的暗黄色肤色有助于其在水底环境中进行伪装，减少被捕食者发现的风险。水底环境通常光线较暗，暗黄色的肤色与泥沙、水藻等底栖环境的颜色相近，能够帮助蝌蚪更好地融入背景，从而降低被捕食的概率。这种颜色的适应性伪装是许多水生生物为了生存而进化出的保护机制。

（2）斑点：黑色星星小点的伪装与警告

蝌蚪体表分布的黑色星星小点不仅是外观上的装饰，还可能具有伪装和警告的双重作用。在自然环境中，这些斑点可以作为破坏性伪装的一部分，使蝌蚪的轮廓变得模糊，更难被天敌识别。同时，在某些情况下，这些斑点也可能作为一种警告色，告知潜在的捕食者蝌蚪可能具有某种不利因素（例如，可能含有毒素或味道不好），从而避免被捕食。

棘胸蛙蝌蚪的肤色与斑点是其进化过程中对水生环境的适应结果，这些特征有助于蝌蚪在复杂的自然环境中生存下来，直至发育成熟。通过这些外观特征，蝌蚪能够更好地躲避天敌，同时寻找食物，顺利完成从蝌蚪到成蛙的转变。这种自然选择下的颜色与斑点模式，是棘胸蛙蝌蚪在水生生态系统中生存策略的重要组成部分。

1.7.2.3　棘胸蛙蝌蚪黑色"V"字形花纹特征的生物学意义

棘胸蛙蝌蚪的黑色"V"字形花纹不仅是其外观上的一个显著标记，而且在生物学上具有多重潜在的意义，尤其是在个体识别和种群交流方面。

（1）花纹位置与特征

这块黑色的"V"字形花纹位于棘胸蛙蝌蚪躯体与尾部的衔接处，是一个非常显眼的特征。这种花纹在不同个体之间可能会存在细微的差异，但总体上是棘胸蛙蝌蚪群体中的一个共同标记。

（2）个体识别与种群结构

在自然环境中，这种独特的花纹可能有助于同种个体之间的识别，特别是在蝌蚪密集的水体中，如溪流或池塘。通过识别同类的特征，蝌蚪能够维护种群的社会结构，避免与非同类或潜在的天敌混淆，从而减少不必要的冲突和危险。

（3）种群交流与领域行为

黑色"V"字形花纹也可能在蝌蚪之间的交流中发挥作用，尤其是在领域行为或繁殖季节。这种花纹可能作为一种视觉信号，用于展示个体的健康状况、性别或成熟程度，从而影响同伴的行为，促进种群内部的秩序和繁殖活动的顺利进行。

（4）进化与适应

从进化的角度来看，棘胸蛙蝌蚪的黑色"V"字形花纹可能是在长期的自然选择过程中形成的。这种花纹有助于提高个体在复杂环境中的生存率，无论是通过增强伪装效果、减少捕食者注意，还是通过促进种群内的社会互动，都是棘胸蛙蝌蚪适应其生态环境的一种表现。

棘胸蛙蝌蚪的黑色"V"字形花纹是其生命早期阶段的一个显著特征，不仅体现了个体的美学价值，更重要的是反映了其在生态学和进化生物学上的重要地位。通过这种花纹，棘胸蛙蝌蚪能够在种群内部建立有效的沟通机制，同时也为研究者提供了探索动物行为、生态学和进化过程的窗口。

1.7.2.4 棘胸蛙蝌蚪吻突结构特征的生物学意义

棘胸蛙蝌蚪的吻突结构是其适应水生环境的一项重要生理特征，具有多方面的生物学意义和生态功能。

（1）吻突结构与功能

棘胸蛙蝌蚪的吻部前端发育有发达的吻突，这个结构类似于一个小型的吸盘，能够产生足够的吸附力，使蝌蚪能够牢固地附着在水底的石头、植物或其他固体表面上。

（2）生态功能与生存策略

① 进食：吻突的吸附能力对于蝌蚪的进食至关重要。棘胸蛙蝌蚪主要以

水中的藻类、有机碎屑和微生物为食，吸附在固体表面上可以使其更方便地接触到这些食物来源，提高进食效率。

② 休息与避险：在水体中，稳定的附着点对于休息和避免被水流冲走至关重要。吻突使蝌蚪能够在水流中保持位置，减少能量消耗，同时在面对潜在的捕食者时，提供一个快速的避难所，增加生存机会。

（3）生长与发育

棘胸蛙蝌蚪的吻突结构在蝌蚪阶段特别发达，这反映了其在水生环境中的适应性。随着蝌蚪逐渐成长为成蛙，吻突的作用会逐渐减弱，因为成年棘胸蛙的生存策略和生活方式发生了变化，转向陆地和水体交替的生活模式。

棘胸蛙蝌蚪的吻突不仅体现了其在水生环境中的生存智慧，还展示了生物在特定生态环境下进化出的适应性特征。通过吻突的吸附能力，蝌蚪能够有效地应对水生环境的挑战，提高其在食物获取、休息和逃避天敌方面的生存率，最终成功地完成从蝌蚪到成蛙的生命阶段转换。这种生理结构的适应性，是棘胸蛙蝌蚪在自然选择压力下进化出的精妙生存策略之一。

1.7.2.5　棘胸蛙蝌蚪呼吸系统结构特征的生物学意义

棘胸蛙蝌蚪的呼吸系统是其适应水生生活的重要生理机制，与成年棘胸蛙的肺呼吸形成了鲜明的对比。

（1）鳃呼吸的结构与功能

① 鳃的结构：棘胸蛙蝌蚪的鳃位于头部两侧，通常由一系列薄而富有弹性的鳃丝组成。这些鳃丝富含微血管，增大了与水接触的表面积，提高了氧气交换的效率。

② 氧气提取：在水中，蝌蚪通过鳃丝表面的微血管直接从水中提取溶解氧，满足其生命活动所需的氧气供应。水中的氧气通过鳃丝的微血管壁进入血液循环系统，而二氧化碳则从血液循环系统中通过相同的路径排出，完成呼吸作用。

（2）生理适应与生态意义

① 水生适应：鳃呼吸是棘胸蛙蝌蚪适应水生环境的关键生理特征。在水中，鳃能够高效地进行气体交换，确保蝌蚪即使在低氧环境中也能维持生命活动，这是肺呼吸所难以实现的。

② 发育阶段的转变：随着棘胸蛙蝌蚪逐渐成长为成体，其呼吸系统会发生显著的变化。成年棘胸蛙会发展出肺部，以便在陆地或水面吸入空气中的氧气，而鳃则逐渐退化，不再作为主要的呼吸器官。这种从鳃呼吸到肺呼吸的转变，是棘胸蛙从水生到两栖生活方式转变的重要标志。

棘胸蛙蝌蚪的鳃呼吸系统不仅体现了其在水生环境中的生存适应性，还揭示了生物在不同生命阶段生理机制的动态变化。通过鳃呼吸，蝌蚪能够充分利用水体资源，为后续的生长发育和生活方式的转变奠定基础。这种生理机制的转换，是棘胸蛙生命周期中一个令人着迷的生物学现象，展现了生物体在不同生态环境中生存策略的灵活性和适应性。

1.8　棘胸蛙对生态环境的适应性

棘胸蛙，以其体大而粗壮的特征，成为了中国南方山溪水坑或石洞岩隙中的独特居民。以下从四个方面对棘胸蛙对生态环境的适应性进行阐述。

1.8.1　体型与皮肤特征

1.8.1.1　体型

成年棘胸蛙体长通常在 10～13 厘米之间，体重可达 250 克以上，有些个体甚至能超过 500 克，这在两栖动物中属于较大体型。雄性棘胸蛙一般比同龄的雌性更大，性成熟后的雄蛙前肢尤为粗壮，胸部有棘状肉刺，腹部呈淡黄色；而雌性胸部无此肉刺，腹部光滑，呈白色。

1.8.1.2 皮肤与颜色

（1）皮肤特征

蛙的皮肤粗糙，背部皮肤呈暗灰色，覆盖有油性分泌物，这有助于保持皮肤的湿润和防止病原体的入侵。

（2）颜色变异

大部分棘胸蛙呈暗灰色。值得一提的是，2015 年在浙西山区发现了金黄色棘胸蛙。这一发现证实了黄金棘胸蛙的存在，增加了棘胸蛙种类的多样性。

1.8.1.3 头部和吻部

（1）头部形状

棘胸蛙的头宽而扁，吻端呈圆形，突出于下颌，这种头部形状适应了其在岩石缝隙和水体中的生活习性。

（2）鼻孔与眼距

两鼻孔之间的距离与两眼之间的距离几乎相等，这种特征有助于棘胸蛙在水下或复杂环境中进行定位和感知。

1.8.1.4 性别差异

性成熟后的雄性棘胸蛙前肢极为粗壮，胸部有呈棘状的肉刺，腹部呈淡黄色。这些特征在繁殖季节中可能用于吸引雌性或在雄性间竞争中发挥作用。雌性棘胸蛙胸部无棘刺，腹部光滑呈白色，与雄性形成鲜明对比。

1.8.2 生活习性与食物选择

棘胸蛙的生活习性和食物选择是其生态位和生存策略的重要组成部分，反映了它们对特定生态环境的高度适应。

1.8.2.1　栖息地与活动模式

（1）山溪与石洞

棘胸蛙偏好栖息在中国南方的山溪水坑内或石洞岩隙中。这些环境为棘胸蛙的生存提供了必要的水分、遮蔽和温度调节，是棘胸蛙生存和繁衍的理想场所。

（2）昼伏夜出

棘胸蛙具有典型的昼伏夜出习性，白天它们会藏匿于洞穴、岩石缝隙或浓密的草丛中，以避免日间高温和潜在的天敌。到了夜晚，棘胸蛙开始活跃，外出觅食、探索和社交。

1.8.2.2　食物选择与觅食行为

（1）主要食物来源

棘胸蛙的饮食以动物性食物为主，昆虫及其幼体构成了其食谱的主体。昆虫的种类繁多，包括各种飞虫、甲虫、蜘蛛、蜗牛以及其他小型无脊椎动物。

（2）捕食技巧

棘胸蛙利用其敏锐的视觉和听觉，在夜间捕捉活动的猎物。它们会静静地等待，一旦发现猎物靠近，便会迅速出击，用强有力的前肢或嘴部捕捉食物。

（3）食物的季节性变化

棘胸蛙的食物种类和可获得性会随季节变化而变化。在昆虫活动频繁的温暖季节，棘胸蛙的食谱会更加丰富；而在昆虫稀少的寒冷季节，棘胸蛙可能会调整其饮食，转而捕食其他可获得的食物来源。

棘胸蛙的生活习性和食物选择不仅体现了它们对特定生态环境的适应性，还揭示了它们在生态系统中的角色——既是捕食者也是食物链中的一环。通过了解棘胸蛙的生活习性和食物选择，可以更好地理解其生态需求，为保护和管理棘胸蛙种群提供科学依据。此外，棘胸蛙的生态习性研究也有助于深入了解两栖动物的生物学特性和生态功能，以及它们在维持生态平衡中的作用。

1.8.3　活动与环境适应

棘胸蛙的活动规律与其对环境的适应性密切相关，尤其是对水温和水流条件的敏感性。

1.8.3.1　温度对活动的影响

（1）适宜水温

棘胸蛙在水温 15～25 ℃的范围内活动最为活跃，生长速度也最快。这一温度区间为棘胸蛙提供了理想的生理活动条件，有利于其新陈代谢、能量积累和生长发育。

（2）低温效应

当水温降至 15 ℃以下时，棘胸蛙的活动会显著减少，新陈代谢速率下降，生长缓慢，甚至停止。在极端低温下，棘胸蛙会进入冬眠状态，以降低能量消耗，抵御寒冷。

（3）高温反应

水温超过 25 ℃时，棘胸蛙可能出现异常行为，如过度活动、呼吸急促等。这表明它们正在试图调节体温或寻找更凉爽的栖息地。长时间暴露在高温下，棘胸蛙可能会遭受热应激，严重时会导致脱水和死亡。

1.8.3.2　流水环境的影响

棘胸蛙对水流条件也有一定要求，适度的水流可以提供氧气、保持水质清洁，同时也是棘胸蛙栖息地的重要特征。然而，过强的水流可能会影响棘胸蛙的休息和觅食，而静水环境则可能导致水质恶化，影响棘胸蛙的健康。

1.8.3.3　环境适应策略

（1）栖息地选择

棘胸蛙倾向于选择水温适宜、水流适度的山溪水坑或石洞岩隙作为栖息地。这些环境可以提供稳定的温度和水流条件，满足其生存和生长的需求。

（2）行为调节

面对温度变化，棘胸蛙会通过调整活动时间和强度来适应环境。例如，在炎热的夏季，它们可能会选择在清晨和傍晚较为凉爽的时间段活动；而在寒冷的冬季，则会减少活动，甚至进入冬眠状态。

棘胸蛙对环境的适应性反映了其作为两栖动物的生理特征和生态习性。通过研究棘胸蛙的活动规律和环境适应性，可以增进对两栖动物生态学的理解，为棘胸蛙的保护和养殖提供科学指导。同时，这也提醒，气候变化和环境污染对棘胸蛙等水生生物的生存构成了威胁，保护它们的自然栖息地和维持水质清洁对于维持生物多样性和生态平衡至关重要。

1.8.4　冬眠与避敌

棘胸蛙的冬眠习性和避敌策略是其生存智慧的体现，帮助它们在恶劣环境条件下存活并避开天敌。

1.8.4.1　棘胸蛙的冬眠习性

棘胸蛙的冬眠习性是其对冬季严寒环境的一种适应性生存策略，通过冬眠，棘胸蛙能够有效保存体能，抵御低温带来的生理挑战。

（1）冬眠启动与结束

①冬眠启动：棘胸蛙的冬眠通常在秋季末期开始，具体来说是从霜降开始，在每年11月至翌年4月期间进入冬眠状态，这段时间涵盖了最寒冷的冬季。这时气温开始显著下降，食物变得稀缺，棘胸蛙会选择进入冬眠状态，这是一种适应性生存策略，帮助棘胸蛙节约能量，减少对食物的需求，同时避免低温带来的生理损害。

②冬眠结束：冬眠的结束取决于春季的回暖，当水温上升至12 ℃以上时，棘胸蛙开始苏醒，重新恢复活动。惊蛰时节标志着棘胸蛙冬眠期的结束。它们会逐渐从洞穴中出来，开始新的生活周期。

（2）冬眠期间的生理变化

① 代谢减缓：在冬眠期间，棘胸蛙的新陈代谢率显著降低，心跳和呼吸频率减慢，体温下降至与环境温度接近。这种生理状态有助于减少能量消耗，延长棘胸蛙在食物短缺条件下的生存时间。

② 贮存能量的利用：棘胸蛙依靠体内储存的脂肪和糖原等养分来维持生命活动。这些储备能源在冬眠期间被缓慢消耗，以支持基本的生命功能，直到春季到来。

（3）冬眠地点的选择

① 栖息地偏好：棘胸蛙在冬眠时倾向于选择山溪的深水潭内或溪边有泥土的洞穴内作为栖息地。这些地点提供了相对稳定的温度和湿度条件及良好的保护，有助于棘胸蛙安全度过冬季。

② 抗寒性：棘胸蛙在洞穴内冬眠的抗寒性比在石洞内要好，这可能是因为泥土洞穴能够提供更好的保温效果，减少热量散失，从而提高棘胸蛙的生存率。

棘胸蛙的冬眠习性不仅展现了其对极端环境的适应能力，也体现了生物在长期进化过程中形成的生存智慧。通过冬眠，棘胸蛙能够有效地应对季节性变化，确保种群在不利环境下的延续。对棘胸蛙冬眠习性的研究有助于更好地理解两栖动物的生态习性，为棘胸蛙的保护和管理提供科学依据。

1.8.4.2　棘胸蛙的避敌策略

棘胸蛙的避敌策略体现了其对环境的精细适应，确保了在复杂多变的自然环境中生存和繁衍的可能性。

（1）快速躲避

① 即时反应：棘胸蛙在遭遇天敌或潜在威胁时，如水蛇、老鼠、黄鼠狼，或是人类的干扰，能够迅速做出反应。它们会立即利用其灵活的身体和敏捷的速度，要么迅速退回事先准备好的洞穴，要么迅速沉入水底，利用水体作为天然的掩护，以避免被捕食者的视线捕捉。

② 环境利用：棘胸蛙对环境的熟悉和利用是其避敌策略的关键。它们能够迅速评估周围环境，找到最佳的躲避路线和藏身地点。这需要对栖息地的地形、植被和水源有深刻的认识。

（2）隐蔽生活

① 栖息地选择：棘胸蛙偏好生活在山溪水坑内或石洞岩隙中，这些隐蔽地不仅提供了丰富的食物来源和适宜的生存条件。更重要的是，它们提供了天然的避难所。棘胸蛙的栖息地选择是其避敌策略的重要组成部分，使得它们在面对威胁时能够迅速找到安全的藏身之处。

② 环境融合：棘胸蛙的皮肤颜色和纹理往往与周围环境相融合，这种自然伪装有助于它们在危险时刻迅速融入背景，降低被捕食者发现的概率。

1.8.4.3　棘胸蛙的避敌策略的生态意义

棘胸蛙的避敌策略不仅体现了其对环境的高度适应性和生存智慧，也是其在生态系统中生存和繁衍的重要保障。通过快速躲避和隐蔽生活，棘胸蛙能够在复杂多变的自然环境中减少被捕食的风险，保持种群的稳定和增长。对棘胸蛙避敌策略的深入研究，有助于更好地理解两栖动物的生态习性，为棘胸蛙及其栖息地的保护提供科学依据。

棘胸蛙的冬眠习性和避敌策略不仅是其个体生存的保障，也对维持生态系统的平衡起到了积极作用。通过冬眠，棘胸蛙避免了在食物稀缺的冬季与其他生物竞争，而其避敌策略则减少了天敌对种群数量的过度消耗，有助于保持种群的稳定。

棘胸蛙的这些生存策略体现了生物在长期进化过程中对环境的适应和优化，同时也反映了它们在生态系统中的独特角色。通过深入研究棘胸蛙的冬眠习性和避敌策略，可以更好地理解两栖动物的生态习性，为保护棘胸蛙及其栖息地提供科学依据，同时促进生态系统的健康和可持续性。

总之，棘胸蛙的生活习性、体型特征以及对环境的适应性，使其在我国南方的山溪环境中形成了独特的生态位。通过昼伏夜出、选择特定的食物和适应特定的水温条件，棘胸蛙能够在复杂多变的自然环境中生存和繁衍。这种适应性和生态策略，不仅体现了棘胸蛙作为两栖动物的生存智慧，也为研究者提供了深入了解生物多样性与生态学的宝贵案例。

1.9　棘胸蛙的应激反应及表现

棘胸蛙在面对环境变化或压力时，其生理机制会被激活以应对这些挑战，从而可能会出现应激反应，这对于棘胸蛙来说是一种常见的生理现象。应激反应是一种生物体自我保护的机制，旨在帮助棘胸蛙应对不利环境或压力。但是，长时间或频繁的应激状态会对棘胸蛙的健康和生长产生长期的负面影响。已有研究表明，棘胸蛙在惊动的情况下容易产生应激反应，从而导致生长缓慢[12]。那么，棘胸蛙什么时候会出现应激反应呢？

1.9.1　应激的主要原因

棘胸蛙出现应激反应的原因多样，主要可以归结为环境因素、生理因素及人为因素。

1.9.1.1　环境因素

① 水质变化：水质参数，如 pH、溶解氧、氨氮等的变化，可能导致棘胸蛙产生应激反应。

② 水温变化：水温的突然变化，无论是过热还是过冷，都会对棘胸蛙造成压力。

③ 光照条件：强烈的直射阳光或光照不足都可能对棘胸蛙产生不利影响。

④ 噪声污染：持续的噪声或突然的声响可能会引起棘胸蛙的应激反应。

⑤ 物理环境：不适宜的栖息地条件，如过于硬的表面、缺少隐蔽处等，也可能导致应激反应。

1.9.1.2　生理因素

①饥饿：缺乏充足的食物供应会导致棘胸蛙处于饥饿状态，进而引发应激反应。

②过度拥挤：密度过高的养殖环境会使棘胸蛙感到拥挤和压迫，从而产生应激反应。

③疾病：疾病或寄生虫感染会导致棘胸蛙感到不适，引发应激反应。

④捕食者的威胁：感知到捕食者的存在或捕食行为的模拟，也会导致棘胸蛙产生应激反应。

1.9.1.3　人为因素

①捕捞和运输：捕捞和运输过程中的处理不当，如过度拥挤、长时间暴露于不利条件下，都会导致棘胸蛙产生应激反应。

②养殖管理：不恰当的养殖管理措施，如频繁的打扰、不合适的饲养密度、不充分的营养供给等，也会导致棘胸蛙出现应激反应。

1.9.2　应激反应的表现

棘胸蛙在遭遇应激时会表现出一系列生理和行为上的变化。以下是棘胸蛙应激反应的一些典型表现。

1.9.2.1　行为上的变化

①活动减少：棘胸蛙可能会减少活动量，显得更加静止或躲藏起来。

②活动增加：相反地，有些棘胸蛙可能会表现出过度活跃的行为，如在池塘中频繁跳跃或四处游动。

③食欲变化：应激状态下的棘胸蛙可能会减少进食，甚至完全停止进食，或者在某些情况下增加进食量。

④逃避行为：棘胸蛙可能会试图逃离应激源，如频繁地试图跳出池塘或

钻入隐蔽处。

⑤ 攻击行为：有时，应激状态下的棘胸蛙可能会表现出攻击性，尤其是当它们感到威胁时。

1.9.2.2 生理上的变化

① 代谢速率改变：应激可能导致棘胸蛙的代谢速率发生变化，表现为呼吸频率增加或减少。

② 免疫功能下降：长期的应激状态会削弱棘胸蛙的免疫系统，使它们更容易受到疾病的侵袭。

③ 生长减慢：应激会影响棘胸蛙的生长速度，导致生长停滞或缓慢。

④ 皮肤颜色变化：棘胸蛙的皮肤颜色可能会因应激而有所改变，例如，变得更加暗淡或出现斑点。

⑤ 激素水平变化：应激反应会导致棘胸蛙体内激素水平的变化，如皮质醇等应激激素的升高。

1.9.2.3 其他表现

① 伤口愈合延迟：应激状态下的棘胸蛙可能会出现伤口愈合缓慢的情况。

② 生殖能力受影响：长期应激可能会干扰棘胸蛙的生殖周期，影响产卵或孵化成功率。

③ 异常行为：包括过度舔舐身体、自咬等。

1.9.3 减轻应激反应的方法

① 水质管理：保持水质稳定，定期检测并调整 pH、溶解氧、氨氮等水质参数。

② 适宜的环境条件：提供适宜的水温和光照条件，避免温度骤变和阳光强烈直射。

③ 合理的饲养密度：避免过度拥挤，合理安排养殖密度，确保每个个体

有足够的活动空间。

④ 适当的营养供给：提供营养均衡的食物，避免饥饿或过度喂食。

⑤ 减少干扰：尽量减少人为干扰，如频繁地处理或观察，减少噪声等刺激。

⑥ 疾病预防：定期消毒，监测疾病迹象，及时隔离病蛙，防止疾病传播。

上述措施可以有效地减轻棘胸蛙的应激反应，提高其生长性能和健康水平，确保养殖过程中的成功和经济效益。

第2章 棘胸蛙的人工养殖技术

棘胸蛙养殖是一项技术含量较高的活动，需要养殖者深入了解棘胸蛙的生态习性、生长规律以及对环境的特殊要求。

尽管棘胸蛙养殖乍看似乎容易上手，但实际上，养殖成功率往往偏低，新手养殖者常常因此经历诸多挫折。尽管南方多个省份在棘胸蛙人工养殖领域进行了大量尝试，但能够真正实现经济效益的案例并不多。这背后的主要原因在于棘胸蛙对生长环境的特殊要求，如果未能深入了解其生态习性和成长规律，养殖成功的可能性将大打折扣。

本章节主要介绍了棘胸蛙养殖技术，包括养殖场的建设、种蛙的筛选、配对及产卵、人工孵化、从蝌蚪到成蛙的饲养等，还介绍了养殖案例。

2.1 棘胸蛙人工养殖的关键

2.1.1 棘胸蛙养殖的核心因素

为何部分棘胸蛙养殖者难以实现理想的经济效益？棘胸蛙养殖之所以对部分养殖者来说难以实现理想的经济效益，核心原因确实与其对生长环境的苛刻要求密切相关。

2.1.1.1 环境需求与生态习性

① 阴暗湿润：棘胸蛙偏好阴暗湿润的栖息环境，这与它们在野外选择山

溪水坑或石洞岩隙作为栖息地的习惯相符。养殖环境必须模仿这一自然条件，确保棘胸蛙有足够的湿度和阴凉区域，以避免高温和干燥对其造成伤害。

②流动清澈的水源：棘胸蛙的生存依赖于流动清澈的山泉水，这不仅为它们提供了必需的水分，还确保了水质的清洁度和氧气含量。养殖池塘或容器必须定期更换水，或设置循环过滤系统，以模拟自然流水环境，避免水质恶化对棘胸蛙健康的不利影响。

2.1.1.2 清洁度与稳定性

（1）环境清洁

棘胸蛙对生存环境的清洁度要求极高，任何污染物或有害物质都可能对其健康构成威胁。养殖场地必须保持干净，定期清理粪便和残留食物，预防疾病的发生。

（2）环境稳定性

棘胸蛙需要一个相对稳定的环境，包括适宜的水温和 pH，以及稳定的光照和湿度条件。养殖者必须密切关注并调控这些环境参数，确保棘胸蛙能够在最适宜的条件下生长。

2.1.2 棘胸蛙成功养殖的关键

棘胸蛙养殖的成功不仅依赖于技术层面的管理，更需要养殖者对棘胸蛙生态习性的深入了解。通过精心设计和管理养殖环境，确保棘胸蛙在人工条件下能够健康生长和繁殖，是实现经济效益和生态保护双赢的关键。以下是棘胸蛙成功养殖的关键。

2.1.2.1 生态环境模拟

棘胸蛙养殖的成功，关键在于复制其自然栖息地的条件。理想的棘胸蛙养殖环境应该尽可能地模拟其自然栖息地，包括提供流动的清水、隐蔽的藏身之所，以及适宜的光照、温度和湿度条件、遮蔽物和食物来源。这种生态模拟不仅有助于提高棘胸蛙的存活率，还能促进其健康成长和快速发育。养殖者需密切关注环境参数，确保棘胸蛙处于最适合的生长环境中。优化养殖池的卫生管理流程，减少对棘胸蛙的直接干预，避免不必要的应激，促进其健康成长。

2.1.2.2　疾病预防与隔离

维持良好的水质和卫生条件，定期检查，预防疾病的发生。建立疾病早期预警系统，一旦发现疑似病例，立即隔离并进行专业处理，防止疾病扩散。

2.1.2.3　饵料多样化与安全用药

提供多样化的饵料，确保棘胸蛙获得均衡的营养，同时严格控制药物使用，采取科学合理的用药方案，保障养殖过程的安全性和棘胸蛙产品的质量。提供适合棘胸蛙的鲜活饵料，模仿其自然食谱，以促进健康成长和繁殖。提供营养均衡、符合棘胸蛙食性的饵料，保证其生长发育和繁殖需求。

2.1.2.4　专业管理

地理位置优越、饲养标准严格的养殖场，更有可能培育出品质卓越的棘胸蛙产品。专业管理包括对环境参数的精准控制、疾病的预防和治疗，以及营养均衡的饵料供给。

综上所述，棘胸蛙养殖的成功与否，很大程度上取决于养殖者能否深刻理解并遵循棘胸蛙的生态习性和成长规律，提供一个接近自然、高标准的养殖环境。只有这样，才能确保棘胸蛙的健康成长，实现理想的经济效益。通过深入了解棘胸蛙的生态习性，养殖者可以更有效地管理养殖环境，提高养殖成功率，最终实现经济效益。棘胸蛙养殖虽挑战重重，但只要掌握了正确的养殖技术和管理方法，就能够克服困难，不仅可以提高棘胸蛙养殖的产量和经济效益，还能确保棘胸蛙的健康与福利，实现养殖目标。

2.2 棘胸蛙养殖场的建设

2.2.1 棘胸蛙养殖场的建设总体要求

棘胸蛙池的建设是人工饲养棘胸蛙成功的关键，需要充分考虑到棘胸蛙的自然栖息地特征和其对环境的特殊需求。

2.2.1.1 场址选择

选择水质良好、排灌方便、环境安静、无污染源的地区。棘胸蛙养殖场地的环境直接影响棘胸蛙的生长发育和繁殖。棘胸蛙喜欢安静的环境，因此应避免在噪声大的工业区或车流量频繁的公路附近建立养殖场，以免棘胸蛙因受到惊吓而影响其正常的生长。曾经有某养殖场附近新开工建设一条铁路，因建设施工噪声惊扰，严重影响了棘胸蛙的健康生长。同时，养殖场附近应该有足够的水源供应，包括高山长流水、江河、湖泊、水库或是地下水，但前提是这些水源必须没有受到污染。理想的水质 pH 应该是中性或略带酸性，最适合的 pH 范围为 6～7。

2.2.1.2 池塘设计

（1）模拟自然环境

池塘应设计有水流系统，以模拟山溪水沟边的自然环境。水流不仅能够提供新鲜的氧气，还能模仿棘胸蛙自然栖息地的流动水质，促进其健康成长。

（2）水陆比例

池塘应设置适当的水陆比例，一般的水陆面积比为 3:1 或 2:1。

① 水体条件：棘胸蛙需要清洁、流动的水体，因此，养殖池应设计有循环水系统，保持水质清新，模拟自然的山溪环境。水深应适中，既能满足棘胸蛙游泳，又不会造成不必要的压力或溺水风险。

② 陆地环境：提供足够的陆地面积，供棘胸蛙晒太阳、休息和觅食。陆地应覆盖有土壤、沙子或小石子，以模拟自然地面，同时提供遮蔽物如岩石、树根或人造洞穴，供棘胸蛙避暑和躲避天敌。

这样就可以为棘胸蛙提供足够的陆地供棘胸蛙休息和晒太阳，同时保持水体充足，满足其游泳和觅食的需求，达到水陆平衡。

（3）遮蔽与栖息

池塘中应设置多个石穴和遮蔽物，如岩石、树根或人工构建的洞穴，为棘胸蛙提供安全的栖息地和躲避处，模拟其自然栖息的石洞环境。这是因为棘胸蛙在自然环境中偏好栖息于石洞或岩石缝隙中，因此，养殖池中应设置多个石穴或人造洞穴，为棘胸蛙提供安全的避难所，同时有助于其繁殖和生长。棘胸蛙池遮阴棚如图 2-1 所示。

图 2-1 棘胸蛙池遮阴棚

（4）温度与光照

棘胸蛙对温度敏感，应维持适宜的水温和环境温度，避免极端温度。同时，提供适量的自然光照和人工光照，模拟自然光照周期，促进棘胸蛙的健康和繁殖。棘胸蛙喜欢阴凉潮湿的环境，场地最好有自然遮阴条件，如树木或人工搭建的遮阳网，以保持池塘的阴凉和湿度。

（5）水质管理

水质清新是棘胸蛙健康成长的必要条件，应定期检测并调节水质，包括pH、氨氮和溶解氧水平，保持适宜的 pH（通常为 6～7），并确保水体中有足够的溶解氧，确保水质符合棘胸蛙的生长需求。必要时，使用过滤和消毒设备，保持水质清洁。

2.2.1.3　防护措施

池塘四周应设置围栏、网罩、防护网、围墙等，防止棘胸蛙逃逸和天敌入侵，如鸟类、蛇类和其他掠食者。同时，确保池塘四周无天敌栖息地，减少潜在威胁。有条件的可以安装红外监控，一方面可以监控棘胸蛙进食，另一方面可以监控白天或夜间是否有天敌入侵。

2.2.1.4　管理便利性

池塘设计应考虑到日常管理和观察的便利性，如设置观察窗或平台，便于监测棘胸蛙的健康状况和行为。因为需要定期观察棘胸蛙的行为和健康状况，记录生长数据，及时发现并处理疾病或异常行为，确保养殖计划的顺利进行。

2.2.1.5　综合考量

在设计棘胸蛙池时，还需考虑季节变化对水质和环境的影响，以及如何在不同季节下维持适宜的生长条件。

通过精心的设计和管理，棘胸蛙池能够为棘胸蛙提供一个近似自然、安全舒适的生活环境，促进其生长发育、配种和繁衍后代。同时，合理的池塘设计还能简化日常管理，提高养殖效率和经济效益。

2.2.2　棘胸蛙养殖场建设和设计的具体要求

棘胸蛙池的建设是棘胸蛙养殖成功的关键环节之一，它不仅需要模拟棘胸蛙自然栖息地的环境，还要便于养殖管理和疾病防控。

2.2.2.1　养殖场址选择的考量因素

选择合适的养殖场址是成功养殖棘胸蛙的关键步骤之一，它直接影响到棘胸蛙的生长发育、繁殖效率以及养殖的整体效益。

（1）水质与水源

① 优质水源：选择水质良好、无污染的水源作为养殖水源，最好是长年流动的山泉水[13]或经过净化处理的地下水。水质对棘胸蛙的健康至关重要，应定期检测水质，确保 pH、氨氮、亚硝酸盐等参数在安全范围内。

② 水源稳定性评估：定期检查并评估养殖场的水源稳定性，确保不受干旱、洪涝或泥石流等自然灾害的影响，保障养殖用水的持续供应。

③ 应急水源策略：通过提升养殖池的蓄水水位和实施喷雾供水系统，为水源短缺情况提供缓冲，确保棘胸蛙在任何天气条件下都有充足的清洁水源。

（2）设施优化

养殖场应具备良好的排灌系统，确保水体可以轻松更换，防止积水问题，同时便于清理和消毒。

1）U 形沟渠式养殖池：采用 U 形沟渠设计的养殖池，不仅便于日常清理，还能有效改善水质，降低疾病传播的风险，提高卫生管理效率[14]。

2）U 形沟渠式养殖池设计应具有如下特点。

① U 形设计：养殖池的底部和侧壁设计成 U 形，这样的形状有助于水流的均匀分布和沉积物的集中，便于清理和保持水质清洁。

② 斜坡入口：U 形沟渠的入口设计有一定的斜度，这样可以确保水体在流入养殖池时不会冲击到棘胸蛙，减少对它们的干扰。

③ 集污区：U 形沟渠的底部最凹陷处作为集污区，可以有效地收集棘胸蛙的排泄物和其他废弃物，方便定期清理，减少水质污染。

④ 溢流系统：在 U 形沟渠的一端设有溢流口，用于调节水位，确保养殖池内水位稳定，同时排出过多的水分和废物。

⑤隔离墙：U形沟渠的另一端需设置隔离墙或网，防止棘胸蛙逃逸，同时阻止外来有害生物进入。

⑥水循环系统：养殖池配备有水泵和过滤设备，形成水循环系统，确保水质的持续清洁和氧气的充足供给。

3）U形沟渠式养殖池具有如下优势。

①提高卫生管理效率：U形沟渠有助于沉积物的集中，简化了清洁工作，减少了病菌和寄生虫的滋生，降低了棘胸蛙感染疾病的风险。

②节省空间和成本：相比于传统的方形或矩形养殖池，U形沟渠式设计可以更有效地利用空间，减少水体浪费，降低运营成本。

③优化水流和水质：U形沟渠的设计促进了水体的循环流动，有助于保持水质的稳定和清洁，为棘胸蛙提供更健康的生长环境。

U形沟渠式养殖池的设计旨在创造一个既适合棘胸蛙生长，又能有效控制养殖环境中水质和卫生条件的系统。这种设计可以显著提高养殖效率和棘胸蛙的存活率，同时减少疾病的发生，实现可持续的养殖目标。

池面与材料改良：通过使用光滑材料和优化池面设计，减少棱角和突刺，降低棘胸蛙受伤和腐皮病的发病率[14]。

（3）环境安静

选址应远离工业区、繁忙道路等噪声源，为棘胸蛙提供一个安静的生活环境，减少应激反应。

（4）温度与气候

选择冬暖夏凉的地区，避免极端温度，棘胸蛙对温度敏感，过冷或过热都会影响其生长和繁殖。

（5）地势与排水

地势应平坦或略有坡度，便于排水，避免雨季积水，减少疾病传播的风险。

（6）管理便利

选址应考虑日常管理的便利性，如接近水源、电源，交通便利，便于物资运输和人员进出。

（7）防护与隔离

养殖场应有良好的防护措施，防止棘胸蛙逃逸和天敌侵入，如设立围栏、覆盖网、防逃网[3]。

在养殖池周边种植石菖蒲，该植物不仅美化环境，还有助于净化水质，创造更适宜棘胸蛙生长的生态环境[14]。

（8）室内外养殖

① 室内养殖：室内养殖要求通风良好，避免阳光直射，保持凉爽环境，适合控制温度和光照。

② 室外养殖：室外养殖可设凉棚遮阳，下建蛙池，应考虑天气变化，提供遮风挡雨的设施。

（9）法规与许可

在选址前，确保了解当地养殖业的法律法规，办理必要的许可手续，避免违法经营。

通过综合考虑上述因素，选择一个合适的养殖场址，可以为棘胸蛙提供一个安全、健康、舒适的生长环境，提高养殖成功率和经济效益。

2.2.2.2　蛙池的规格与设计

（1）种蛙池的设计构建要求

棘胸蛙种蛙池的设计与构建对于确保棘胸蛙的繁殖质量和数量至关重要。

1）种蛙池的尺寸与深度

种蛙池面积：种蛙池的面积通常建议为 10～20 平方米，这样的空间可以容纳适量的种蛙，避免过度拥挤，同时保证足够的活动范围。

种蛙池深度：池内水深应保持在 0.10～0.15 米，池高约 0.8 米。这既能满足棘胸蛙的水生需求，又不至于太深，以免造成不必要的压力或溺水风险。

2）水陆比例

池内水陆面积比为 3:1，这提供了棘胸蛙在水中游泳和在陆地上休息、晒太阳的机会，模拟了其自然栖息地的环境。

3）栖息地与遮蔽

池内应设置栖息的石穴，为棘胸蛙提供避难所和繁殖场所。石穴可以是天然岩石的缝隙，也可以是人为建造的结构，如管道或砖石堆砌的小洞。

池底铺设较大的鹅卵石，不仅美观，还能提供棘胸蛙抓握和藏身的地点，同时有助于保持水质清洁。

4）光照与湿度

种蛙池应保持光线阴暗，避免强烈的直射光，这有助于减少棘胸蛙的压力，创造一个更接近自然的环境。

湿度应维持在 80%左右，这有助于保持棘胸蛙皮肤的湿润，对它们的健康和繁殖至关重要。

5）环境营造

水质应保持清洁，定期更换或使用循环过滤系统，以减少疾病的发生。同时，保持池塘周围的环境整洁，避免垃圾和有害物质的污染。

6）监测与管理

应定期检查水质、湿度和棘胸蛙的健康状况，及时发现并解决潜在的问题，如疾病或水质恶化。

精心设计和维护棘胸蛙种蛙池可以为种蛙提供一个理想的栖息和繁殖环境，促进其健康生长，提高产卵率和受精率，从而确保养殖棘胸蛙的繁殖质量和数量。

（2）种蛙配对产卵水槽的设计构建要求

棘胸蛙种蛙配对产卵水槽的设计和构建需要考虑到棘胸蛙的繁殖习性和环境需求，以确保种蛙能够在最佳条件下产卵。以下是一些设计构建要求。

1）产卵水槽的基本要求

① 产卵水槽的设计：沿产卵房内墙的四周建造水槽，这些水槽用于雌雄蛙配对及产卵。水槽深度一般为 0.8 米左右，以防成蛙跳出。

②水位与水质：水深一般控制在 0.1 至 0.2 米，以适应棘胸蛙产卵和孵化的需要。水质要求清澈，pH 控制在 $6\sim7$，溶解氧含量充足，无有害物质。

③池底设计：池底应略微倾斜，便于排水和清洁。底部铺设一层细砂或砾石，模拟自然环境，为种蛙提供舒适的栖息地。

2）环境控制

①温度控制：温度是影响棘胸蛙繁殖的重要因素，产卵期间水温应控制在 $23\sim28\ ℃$。可以通过加热设备或自然保温措施来维持适宜的水温。

②光照管理：产卵池应避免直射阳光，但需保持适度的光照，可以使用遮阳网或部分遮挡的方式调节光照强度。

③水流与氧气：产卵池内应设置轻微的水流，以增加水中的溶解氧含量，可以使用增氧泵或流水装置。流水还可以模拟自然环境，促进种蛙的交配和产卵。

3）产卵水槽的内部构造

①产卵平台：设置专门的产卵平台或产卵区域，可以是漂浮板或网架，方便种蛙产卵。一般采用漂浮板。

②水质监测与维护：定期检测水质参数，如 pH、氨氮、亚硝酸盐，确保水质适宜。定期更换部分池水，保持水质清洁。

③保持长流水的滴水声音：雌雄蛙抱对期间，保持长流水的滴滴答答的声音，刺激雌雄蛙产卵。

4）产卵池的外围设施

①隔离措施：产卵池周围应设置隔离网或围墙，防止天敌入侵，保护种蛙的安全。同时，隔离措施也有助于防止种蛙逃逸。

②投喂与管理：在配对产卵期间，应适当增加投喂量，并注意饲料的多样化，以保证种蛙的能量需求。定期观察种蛙的行为和健康状况，及时调整管理措施。

以上设计要求可以为棘胸蛙种蛙提供一个适宜的繁殖环境（见图 2-2），提高种蛙的繁殖成功率和产卵质量。

图 2-2　种蛙配对产卵池

（3）孵化池的设计构建要求

孵化池的设计和条件对于棘胸蛙卵的成功孵化至关重要。要确保孵化池为棘胸蛙卵提供最佳孵化环境，需考虑以下关键因素。

1）池塘尺寸与结构

面积与高度：孵化池的面积应为 1～2 平方米，池高为 0.8～1.0 米，这样的尺寸可以为棘胸蛙的养殖提供足够的空间，同时便于管理和观察孵化过程。设置进出水口，采用微流水[15]。

2）水深与水质

①水深要求：水深应保持在 50～60 厘米，这为卵的发育提供了必要的水体，同时避免了过深的水压可能对卵造成的损害。

②水质条件：水质应保持清新，pH 应在 6～8，这是棘胸蛙卵发育的理想范围。水质应定期检测和维护，确保无有害化学物质和病原体，同时保持适宜的温度。

3）氧气含量

充足的氧气：孵化池中的水体应含充足氧气，以支持卵的正常发育。可以通过定期更换水、使用充氧泵或确保水面有足够开放空间的方式，增加水体中的氧气含量。在有长流水的养殖场，在蛙卵孵化期间，最好实行 24 小时不间断的流水养殖，这样可以满足蛙卵孵化期间对水质的高要求，从而保证水质清新且氧气充足。

4）替代容器

长椭圆形大盆：在没有专用孵化池的情况下，长椭圆形大盆可以作为有效的替代品。选择盆时，应确保其材质安全，无毒，不会对水质产生不良影响。同时，盆的尺寸和形状应满足上述的水深和面积要求。

5）其他注意事项

① 温度控制：孵化池应放置在温度稳定的环境中，避免温度剧烈波动，因为温度对卵的孵化时间和成功率有直接影响。

② 光照管理：虽然棘胸蛙卵不需要特定的光照条件来孵化，但应避免强光直射，以减少水分蒸发和温度变化。

③ 清洁与消毒：在使用孵化池之前，应彻底清洁和消毒，以消除可能存在的细菌和寄生虫，保障卵的安全孵化。

通过仔细控制孵化池的尺寸、水质、氧气含量和温度等条件，可以显著提高棘胸蛙卵的孵化率和幼体的存活率，为棘胸蛙养殖的成功奠定坚实基础。孵化池场地如图 2-3 所示。

（3）蝌蚪池的设计构建要求

棘胸蛙蝌蚪池的设计和管理对于确保蝌蚪的健康生长至关重要，其设计和管理实践需关注以下重要因素。

1）池塘尺寸与结构

池塘面积：棘胸蛙蝌蚪池的面积建议为 2～3 平方米[15]，这样的空间可以为蝌蚪提供足够的活动范围，同时便于管理。

图 2-3　孵化池场地

池塘高度与水深：池高为 0.8 米[15]，水深应保持在 30～50 厘米。较浅的水深有助于控制水质，减少疾病的发生，同时也便于蝌蚪的呼吸和活动。

池底设开口，与蝌蚪池外部塑料管相接，调节水位[16]。

2）pH 与水质

水质的 pH 应保持在 6～7，这是棘胸蛙蝌蚪发育的理想范围。过酸或过碱的水质会对蝌蚪的健康产生不利影响。

3）光照条件

蝌蚪池应设置在避免直射阳光的地方，或者采取遮光措施，如覆盖遮阳网或使用深色塑料布。避免强光有助于保持水质稳定，减少藻类过度生长，为蝌蚪提供一个更适宜的生长环境。

4）饲养管理

每池最好只饲养同规格的蝌蚪，这样可以减少因大小差异导致的竞争和压力，促进均匀生长，同时也便于统一管理和喂食。

5）变态期蝌蚪池的设计

要么单独设计变态期蝌蚪池，要么在蝌蚪进行变态时，在蝌蚪池中放置一块漂浮的木板，以便变态中的幼蛙可以跳到木板上休息。设计变态期蝌蚪池时，池底的一面应为一个斜坡，方便变态后的幼蛙登陆。

6）饲料与喂养

蝌蚪的饲料应包含高蛋白成分，如小鱼、小虾、水生昆虫，同时也可以适量添加专门的蝌蚪饲料，以满足其生长发育的营养需求。

7）清洁与换水

定期更换部分池水，保持水质清洁，避免疾病的发生。同时，应定期清理池底的沉积物和未食用的饲料，以减少水质污染。蝌蚪池及长流水如图 2-4 所示。

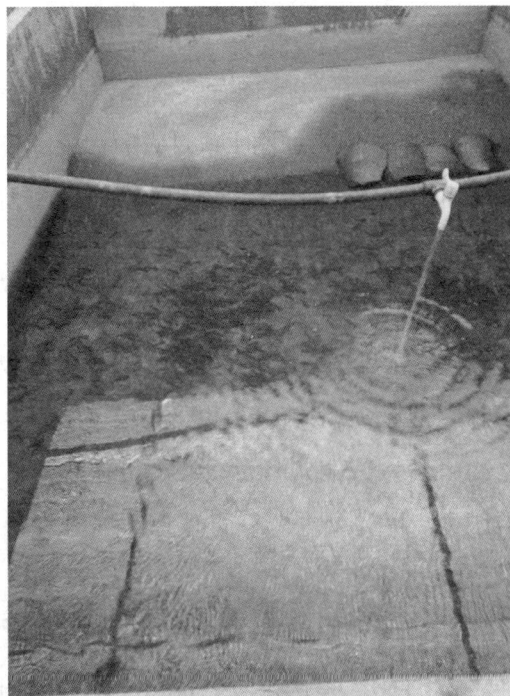

图 2-4　蝌蚪池及长流水

8）观察与记录

蝌蚪池设计应考虑观察与记录蝌蚪生长的便利性。

9）生长监测

定期观察蝌蚪的生长情况，记录其体长和体重的变化，及时调整饲养条件，确保蝌蚪健康生长。

通过精心设计和管理棘胸蛙蝌蚪池，可以为蝌蚪提供一个适宜的生长环境，促进其健康成长，提高最终成蛙的质量和数量。

（4）幼蛙池的设计构建要求

棘胸蛙幼蛙池的设计对于确保幼蛙健康成长至关重要。

1）池塘尺寸与结构

幼蛙池的面积建议为 4~6 平方米，具体面积大小不应该僵化固定，应该取决于养殖规模和数量，池高 0.8 米，这样的尺寸可以为幼蛙提供足够的活动空间，同时便于管理和观察。

2）水深与水陆比

① 水深要求：水深应保持在 10~15 厘米，这为幼蛙提供了必要的水体，同时避免了深水可能带来的风险，如溺水或过大的水压。

② 水陆比：水陆面积比建议为 2:1。这意味着一半的池面积应保持干燥，为幼蛙提供休息、晒太阳和觅食的陆地环境。

3）底部铺设与栖息地

① 铺设小石子：池底铺设小石子，不仅美观，还能为幼蛙提供抓握和藏身的地点，同时有助于保持水质清洁，防止藻类过度生长。

② 筑有石穴：提供石穴或洞穴，为幼蛙创造避难所，模仿其自然栖息地。这有助于减少压力，提升安全感，同时为幼蛙提供繁殖和成长的私人空间。

4）水质管理

水的 pH 应保持在 6~7.5，这是棘胸蛙幼蛙生长的理想范围。定期检测水质，确保 pH 稳定，避免过酸或过碱的水质对幼蛙健康造成负面影响。

5）其他管理实践

① 定期换水：定期更换部分池水，以保持水质清洁，减少疾病的发生。

② 饲料投放：提供适合幼蛙的食物，如小型昆虫、水生生物和特定的幼蛙饲料，确保营养均衡，促进健康生长。

③ 温度与光照：保持适宜的温度和光照条件，避免极端温度，确保幼蛙在最佳环境下成长。

精心设计和管理棘胸蛙幼蛙池（见图 2-5）可以为幼蛙提供一个安全、健康和促进成长的环境，提高成活率和最终的养殖产量。

图 2-5　砖砌的幼蛙池场地

（5）成蛙池的设计构建要求

为了提供适合棘胸蛙生活的环境，成蛙池的设计需要考虑多个因素，以确保棘胸蛙能够健康地成长和繁殖。以下是成蛙池设计的一些建议。

1）形状与尺寸

成蛙池建议采用长方形设计，这样不仅便于管理，也有利于模仿棘胸蛙自然栖息地的地形特征。池子的面积一般在 10 平方米以上，具体取决于养殖规模和数量。浙江龙泉当地的养殖场，成蛙池一般都是 30 平方米以上，特别是露天的养殖场，面积就更大了。

2）深度与结构

成蛙池的围栏高度应为至少 2 米，以防成蛙轻易跳出。

池内的水深通常保持在 0.1 至 0.2 米之间，这为棘胸蛙提供了足够的湿度环境，同时也便于它们出入水面。

池底应略微倾斜，有利于排水和清洁。

3）栖息设施

成蛙池内应放置瓷砖或其他遮蔽材料，在瓷砖或其他遮蔽材料的下方应放置大石块或其他类似材料作为瓷砖的支撑点。瓷砖或其他遮蔽材料，为棘胸蛙提供阴暗的避光环境，便于它们在白天时躲藏休息。

4）水陆比例

池内水陆面积的比例大约为3:1，这意味着三分之二是水域，三分之一是陆地或半湿润区域，以满足棘胸蛙的生活需求。

5）防护措施

池子上方应安装网盖，既可以防止棘胸蛙逃脱，也能阻止捕食者或其他敌害生物的入侵。

通过以上的设计，成蛙池（见图 2-6～图 2-8）不仅能够模拟棘胸蛙的自然生活环境，还能有效地管理和保护棘胸蛙，促进其健康成长。合理的池塘设计是成功养殖棘胸蛙的关键之一。

图 2-6　石棉瓦围成的成蛙池场地

图 2-7　机制砖砌成的成蛙池场地

图 2-8　成蛙池地面

2.2.2.3　蛙池设计细节

棘胸蛙蛙池的设计细节对于提供一个适宜棘胸蛙生长和繁殖的环境至关重要。以下是一些设计上的具体要点。

（1）池形与倾斜度

① 长方形设计：选择长方形作为蛙池的基本形状，这是因为长方形池塘

更容易管理和观察，同时也便于棘胸蛙在池中活动。

②底部倾斜：池底设计为轻微倾斜，有助于水体的自然流动，便于清洁和换水。排水孔应置于池底最低点，确保在换水或清洁时，池水可以完全排干，不留死角。

（2）设施配备

①水面与陆地：提供充足的水面供棘胸蛙游泳，同时确保有一定比例的陆地，供棘胸蛙休息、晒太阳和觅食。水陆比例可以根据棘胸蛙的不同生长阶段和需求进行适当调整。

②石穴：在池塘中设置石穴或洞穴，为棘胸蛙提供避难所。这有助于减少压力，同时为繁殖提供私密空间。

③食台：设置食台，便于集中投喂，同时便于观察棘胸蛙的饮食情况，确保所有棘胸蛙都能得到足够的食物。

④网盖：上方覆盖网盖，不仅可以防止棘胸蛙逃逸，还可以保护它们免受天敌的侵袭，如鸟类、蛇类、黄鼠狼。同时，网盖还能防止外界杂物掉入池中，保持水质清洁。

⑤进水管：进水管应安装在池塘上方，靠近网盖下方，便于随时补充新鲜水体，同时避免直接水流对棘胸蛙造成冲击。

（3）维护与管理

①定期清洁：定期清理池塘底部的沉积物，保持水质清洁，预防疾病发生。

②水质监测：定期检测水质，包括 pH、氨氮、亚硝酸盐等参数，确保水质符合棘胸蛙的生长需求。

通过这些细致的设计和管理措施，可以为棘胸蛙提供一个安全、健康、促进生长和繁殖的环境，提高养殖的成功率和经济效益。

2.2.2.4　新建池的处理

新建的棘胸蛙蛙池在正式投入使用前，进行恰当的消毒和清洗工作是至关重要的，以确保水质安全，防止疾病的发生，为棘胸蛙提供一个健康的生活环境。

（1）消毒处理

① 消毒剂的选择：使用适合的消毒剂，常见的有漂白粉、高锰酸钾溶液和专门的水产消毒剂。选择消毒剂时，要注意其安全性，确保不会对棘胸蛙造成伤害。

② 消毒过程：按照消毒剂的使用说明，将消毒剂均匀地撒布或喷洒在整个蛙池内，包括池壁、池底和所有设施。确保消毒剂能够接触到每一个角落。

③ 消毒时间：让消毒剂在池中作用一段时间，通常需要几个小时到一天，以确保彻底杀死潜在的病原体。

（2）清洗与中和

① 多次冲洗：消毒后，使用清水彻底冲洗蛙池，至少冲洗 3～5 次，每次冲洗后都要尽量排干池水，确保消毒剂残留被完全清除。

② 中和碱性：如果使用了碱性消毒剂，可能需要额外的步骤来中和残留的碱性，可以使用稀释的醋或专门的水质调节剂，以调整 pH 回到适宜棘胸蛙生活的范围。

（3）水质检测

水质测试：在最后一次冲洗后，使用水质测试工具检测水质，确保 pH、氨氮、亚硝酸盐等关键指标都在安全范围内。水质合格后，蛙池才可投入使用。

（4）建立生物过滤系统

在蛙池中建立生物过滤系统，如设置过滤池或使用生物滤材，帮助分解有害物质，保持水质清洁。

通过上述步骤，新建的棘胸蛙蛙池可以被安全地投入使用，为棘胸蛙提供一个健康、清洁的生长环境。定期的维护和水质监测也是保持蛙池健康状态的关键，确保棘胸蛙能够在一个接近自然且可控的环境中茁壮成长。

2.3　棘胸蛙种蛙的筛选

棘胸蛙的繁殖是一个复杂而又精细的过程，涉及遗传、环境和管理等多个方面。为了保证棘胸蛙后代的质量和数量，避免因近亲繁殖导致的遗传缺陷，采取跨地域引种和严格筛选种蛙的做法是非常必要的。

2.3.1　引种

在繁殖选种方面，多项研究显示，不同地域来源的棘胸蛙繁殖后代具有明显的生长优势。例如，一项研究发现，福建邵武的雄蛙与浙江兰溪的雌蛙交配繁育的子一代蛙 A，以及江西九江的雄蛙与浙江兰溪的雌蛙交配繁育的子一代蛙 B，在经过一年的养殖后，平均体重分别为 11.2 克和 11.1 克，而纯种浙江兰溪棘胸蛙的子一代平均体重为 10.1 克。这意味着子一代蛙 A 和蛙 B 的生长速度分别比纯种浙江兰溪棘胸蛙子一代快 10.8% 和 9.9%[17]。此外，研究还表明，黄色的棘胸蛙比黑色的棘胸蛙生长得更快。

此外，优质的种蛙繁殖不仅能提高孵化率，还能使繁殖出的幼蛙生长发育更快、抗病能力更强。因此，在繁殖过程中，应选择优质的棘胸蛙亲蛙进行配种，并避免近亲繁殖或多代繁殖，以确保后代的健康和生长优势。

跨地域引种：从不同省份（如江西、贵州、湖北、湖南等）引进棘胸蛙，可以增加基因多样性，降低近亲繁殖的风险，从而提升后代的遗传健康和适应能力。研究表明，在蛙卵孵化率上，异地引种的棘胸蛙较本地棘胸蛙要高得多[16]。

2.3.2　种蛙筛选

两栖动物普遍存在两性异形，棘胸蛙也不例外，成熟的雄性棘胸蛙明显大于成熟的雌性棘胸蛙[16]。

种蛙筛选总体原则：在引进的棘胸蛙中，精心挑选优秀个体作为种蛙，重点是那些能够繁育出较大且健壮后代的种蛙。挑选个体大、身体健壮、皮肤光滑、发育良好、无残疾且无破损的 2～4 岁成蛙[15]。

2.3.2.1　雄性种蛙特征与挑选标准

① 特征：雄性棘胸蛙的特征之一是胸前有黑色的棘刺，这是一种明显的性别标志。

② 挑选标准：雄性种蛙的挑选标准包括活跃度、力量、健康状况，如前腿粗壮有力、皮肤光滑光亮。因此，应挑选 2～3 岁，体重 250 克以上，身体健壮，跳跃能力强，皮肤光滑，腿部肌肉发达的雄性种蛙。

2.3.2.2　雌性种蛙特征与挑选标准

① 腹部特征：适合用作种蛙的雌蛙的腹部应该是光滑的，随着卵子的成熟，腹部会逐渐膨胀。

② 年龄与健康：挑选年轻、腹部大、皮肤光滑发亮的健康雌蛙，避免使用较老的雌蛙。因为老龄雌蛙产出的卵数量虽多，但质量往往较差。因此雌性种蛙则应选择肚子圆浑、皮肤光滑、年龄适中、健康状况良好的个体，以确保卵子的质量和数量。并且雌性蛙的体重应在 200 克以上。研究表明雌性棘胸蛙个体越大，繁殖能力越强，产卵量越大，即雌蛙的体长和质量与其繁殖力呈现显著正相关[16]。

上述措施可以有效提高棘胸蛙繁殖的成功率和后代的质量，避免遗传缺陷，同时也能促进棘胸蛙种群的遗传多样性，这对于养殖业的可持续发展具有重要意义。正确管理和筛选种蛙，是确保棘胸蛙养殖成功的关键因素之一。

2.4　棘胸蛙的配对和产卵

2.4.1　棘胸蛙种蛙繁殖前的准备

在亲蛙培育期间，应采取一系列措施以确保种蛙处于最佳繁殖状态。以下是一些关键的准备工作[12]。

2.4.1.1 水质管理

使用二氧化氯对池水进行消毒，以减少病原体的存在。将水温维持在 23～28 ℃之间，为棘胸蛙提供适宜的生长环境。调节水体的 pH，保持在 6.5～8.0，以促进健康生长[18]。种蛙投放前，最好用 1%～2%的食盐溶液对种蛙进行消毒[19]。

2.4.1.2 冬季管理

当冬季水温升至 12 ℃时，应开始对棘胸蛙进行投喂，确保亲蛙个体和性腺的良好发育。种蛙在冬眠前，应加强秋季饲养，使种蛙膘肥体壮，从而保证种蛙安全过冬[20]。

2.4.1.3 饲料管理

注重饲料的多样化，避免单一食物，以提供全面的营养。适量补充维生素 A、维生素 D、维生素 E 等微量元素[16]，以增强亲蛙的体质。特别是在亲蛙产卵后体能消耗较大时，应适当增加饵料投喂量 2%～3%，并补充上述微量元素，帮助亲蛙快速恢复体力，缩短产卵周期[18]。种蛙在繁殖前的 3～5 月，也要进行强化培育，提供品种丰富的饵料，可以投喂黄粉虫、小块猪肝、小段泥鳅等[20]。

2.4.1.4 环境优化

设计长流水和滴水声的环境，可以提高亲蛙的产卵率，并增加池水的溶氧量。相关研究表明棘胸蛙在产卵繁殖期间有不滴水不产卵的繁殖特性，而营造滴水声可以诱导棘胸蛙产卵次数更多，可多达 6～7 次[18]。

综上所述，在棘胸蛙养殖过程中，应当选育健康的亲蛙，并创建适宜的养殖环境。具体措施包括设计有滴水声的环境，注重饵料的多样化，并将池水的 pH 保持在 6.5～8.0。这些方法可以有效提高棘胸蛙的繁殖效率和养殖效果。

2.4.2　棘胸蛙的配对和产卵

棘胸蛙的配对和产卵过程是其繁殖周期中的关键环节。

2.4.2.1　配对时机

温度条件：棘胸蛙通常在春季气温达到 20 ℃以上时开始交配，这通常发生在 4 月。当水温达到 15 ℃，气温达到以上 20 ℃以上，棘胸蛙开始配对产卵[19]。温暖的温度刺激棘胸蛙进入繁殖状态。棘胸蛙自然繁殖期一般在 4—9 月，第一批产卵是在 4—5 月[16]，而 5—6 月是产卵的高峰期。

2.4.2.2　配对与密度

① 性别比例：种蛙池中，雌雄比例应保持在 2:1，确保每只雌蛙都有机会与雄蛙配对。虽然有报道称雌雄比例为 1:1[15]，但根据养殖场实际经验，发现雌雄比例保持在 2:1 更合适。

② 密度控制：每平方米建议养殖 5～10 只种蛙[19]，这既提供了足够的空间，又保证了高效的配种机会。

2.4.2.3　交配与产卵

① 夜间活动：棘胸蛙的交配行为通常在夜间进行，雄蛙会在 21 时后开始寻找伴侣，进行抱对。强壮的雄性会紧紧抱住雌性，并利用腹部的棘突来增强其抓握力，这种拥抱和刺激对于准备交配的雌性来说是必需的。

② 产卵时间：雌蛙一般在清晨 4～7 时产卵，这个时间段的环境较为安静，有利于卵的顺利产出。

③ 受精卵的形成：雌性棘胸蛙排出卵子，雄性则在卵上释放精液，从而形成受精卵。这些受精卵呈圆形，外部包裹着一层具有强黏性的胶质膜，使

多个卵能够相互粘连在一起，通常会形成团块状，漂浮在水中或粘附在池壁上。这一层卵胶膜可分为外层、中层、内层共三层，厚度分别为 3.6 毫米、5.7 毫米、5.7 毫米，包裹在卵胶膜最里面的受精卵大约厚 4.3 毫米[16]。

2.4.2.4　卵的附着

① 卵块位置：棘胸蛙的卵块通常附着在水草、石块或池壁上。这些位置提供了稳定的支撑，有助于卵的保护。在养殖场里，通常可以借助于漂浮板，棘胸蛙的卵会粘附在漂浮板的下面。

② 产卵后注意事项：产卵后的 1 小时内，应避免搅动水体，以免卵块受损或破碎，这会显著降低卵的孵化率。

2.4.2.5　孵化管理

环境控制：孵化期间，保持水质清洁，避免剧烈的温度变化，为卵的正常发育提供稳定的环境。避免阳光直射，文献研究表明当阳光对蛙卵直射 1 小时，将导致蛙卵不孵化，这是因为阳光中的紫外线会灼伤蛙卵[18]。

另外，成蛙和蝌蚪会吞食蛙卵[21]，需要注意。

上述管理措施可以提高棘胸蛙的繁殖成功率，确保卵的健康孵化，为后续的蝌蚪生长和幼蛙培养打下坚实的基础。

2.5　棘胸蛙蛙卵的人工孵化

棘胸蛙蛙卵的人工孵化是一个细致的过程，涉及对种蛙池的密切观察、卵的适时转移以及孵化条件的精确控制。孵化前，应对孵化池进行全面消毒[19]。

2.5.1　观察与检查

早晨检查：每天早晨，养殖者需要仔细检查种蛙池，寻找是否有新产的卵块。一旦发现卵块，应在上午 8 时后，轻轻将其捞出，避免对卵块造成损伤。最好当棘胸蛙完成排卵约 1 小时后，及时将卵块取出。

2.5.2　转移至孵化池

卵的转移：受精卵对外界的微小变化都非常敏感，因此在这个关键时期，需要保持环境生态条件的稳定。因此，在捞取受精卵漂浮板时，务必做到轻拿轻放，保持卵块的完整，避免因破损而导致孵化率下降[16]。将捞出的卵块漂浮板小心地放置在孵化池中，确保卵块能够稳定附着，避免水体流动导致卵块移动或破损。如果卵是粘附在漂浮板下方，那么可以直接将漂浮板转移到孵化池中进行孵化。现在一般养殖人员都借助于漂浮板，一方面避免打捞不够仔细导致部分卵块丢失；另一方面避免打捞过程造成的可能的机械伤害或破坏卵的完整性，从而提高了孵化率，同时还节约了人工打捞卵块的时间成本和劳动力。受精卵在孵化期间，可肉眼观察到黑色的动物极朝上，白色的植物极朝下。

2.5.3　孵化条件控制

① 水温和 pH：孵化池中的水温应控制在 15～30 ℃，这是棘胸蛙卵孵化的理想温度范围。研究表明，20～23 ℃是最佳孵化温度[22]。pH 应维持在 6～8，保持水质的中性或微酸性，有利于卵的正常发育。

② 水质与流动：孵化过程需要有少量清水流动，这有助于保持水质清洁，减少病菌滋生，同时提供充足的氧气。蛙卵密度不宜过大，否则影响孵化率[16]。

2.5.4　孵化进程观察

① 胚胎发育：产卵半小时后，受精卵的胚珠黑点开始变大，这是胚胎发育的初步迹象。随后的 7 天内，胚胎逐渐呈条状，显示器官和身体结构的形成。到了第 9 天，蝌蚪形态基本形成，此时可以看到明显的蝌蚪特征。已有研究报道称在 21～23 ℃水温环境下，历时约 230 小时，棘胸蛙蛙卵胚胎发

的 24 个具体分期和形态特征[23]。

② 孵化时间：2 周左右蝌蚪开始破膜而出，形成完整的小蝌蚪。在适宜的孵化条件下，棘胸蛙卵的孵化率可以达到 85%以上。

2.5.5　孵化后的管理

孵化后，蝌蚪需要转移到适宜的蝌蚪池，提供适合其生长的环境和食物，继续监测水质和健康状况，确保蝌蚪能够健康成长。

综上所述，在人工饲养条件下，母蛙产卵后，其卵经人工孵化一般 8～15 天可以孵出小蝌蚪。小蝌蚪孵出后身体呈棕黄色，体部长 0.6～0.8 厘米，尾长 1 厘米左右，呈鼓槌状，通常吸附在池底、卵膜或者人为提供的漂浮板下，很少活动，也不觅食。

严格控制孵化条件和细心观察，棘胸蛙的人工孵化可以大大提高卵的孵化率，为养殖者提供健康的蝌蚪，进一步推动棘胸蛙的养殖和繁殖工作的顺序进行。

2.6　棘胸蛙蝌蚪的饲养

从蛙卵孵化出来的第一天起直到 80 天是棘胸蛙的蝌蚪阶段。棘胸蛙蝌蚪生长发育过程分为：初期、前期、中期、后期四个阶段。棘胸蛙蝌蚪的饲养是一个渐进的过程，并且此时棘胸蛙蝌蚪还仅仅展现出对外界环境变化与潜在威胁的较低适应性和抵抗力，稍有不慎就可能导致较高的死亡率。因此，要对 4 个不同生长阶段的蝌蚪进行精细管理，以确保蝌蚪健康成长为幼蛙。此阶段的饲养管理水平的高低直接关系到蝌蚪的存活率。

2.6.1　生长初期（1—10 日龄）

棘胸蛙蝌蚪在初期（1—10 日龄）的生长和营养获取方式独特。

2.6.1.1 卵黄营养阶段

卵黄囊的能量：刚破膜的蝌蚪体内还保留了一部分卵黄，这部分卵黄形成了一个叫作卵黄囊的结构。前 3 天主要依赖卵黄囊中储存的能量，来维持生命活动和初步生长，无须额外喂食[15]。卵黄囊为蝌蚪提供了必要的营养物质，包括蛋白质、脂肪、糖类、矿物质和维生素，以支持其生命初期的发育需求，能够为小蝌蚪提供最初的几天内所需的所有营养。卵黄营养阶段是小蝌蚪适应性生存策略的一部分。在孵化初期，小蝌蚪的身体机能尚未完全成熟，特别是消化系统还未完全发育，无法立即开始自主觅食。卵黄囊的存在保证了小蝌蚪在这一脆弱阶段的能量供应，为它们提供了必要的生长和发育时间。这一阶段过早地喂食实际上可能会对它们造成伤害，甚至导致夭折。

2.6.1.2 开始觅食阶段

卵外膜与未受精卵：随着卵黄囊中能量的逐渐消耗，通常在孵化后的4~5天，小蝌蚪的消化系统已基本成熟，蝌蚪活动量的显著提升，它们的两鳃盖完全发育，这时蝌蚪开始寻找外部食物。在孵化盘或孵化池中，卵外膜和未受精的卵成为蝌蚪最初的食物来源。这些食物富含蛋白质，有助于蝌蚪消化系统的发育和体型的增长。这一阶段标志着小蝌蚪从卵黄营养阶段向自主觅食阶段的过渡。初生小蝌蚪的食物通常包括水中的浮游生物、藻类、微生物和有机碎屑等。这些食物易于消化，能够满足小蝌蚪的营养需求，促进其快速生长。小蝌蚪从卵黄营养阶段到自主觅食阶段的过渡，是其生命早期的一个关键时期，对小蝌蚪的生存和发育具有重要意义。通过这一阶段，小蝌蚪不仅获得了从胚胎到独立生物个体的转变，也开始了其在生态系统中作为消费者的角色。对这一阶段的了解，有助于更好地掌握棘胸蛙的繁殖生物学，为人工养殖和野生种群保护提供科学指导。

2.6.1.3　饲养管理

养殖者应密切观察蝌蚪的觅食行为和生长状况，确保孵化池中有足够的卵外膜和未受精卵作为食物。如果自然食物不足，可以适量补充人工饲料，如细碎的藻类、水生植物碎片或特制的蝌蚪饲料，但初期应以自然食物为主，避免过早引入复杂食物引起消化不良。在这个开始主动寻找食物的时期，饲养者应按照每万尾蝌蚪喂食一个蛋黄的标准，定时定量地进行投喂，同时补充适量的天然浮游生物，如水蚤和藻类，包括硅藻、隐藻、绿藻和蓝藻门等[8]，以提供全面的营养。

此阶段的蝌蚪长度小于 50 毫米，推荐的放养密度为每平方米 800～1 000 尾。后期，当蝌蚪长大至超过 50 毫米时，放养密度应降至每平方米 200～300 尾，条件允许的话，最好是每平方米 100～200 尾[24]。如果养殖新手缺乏经验，建议适当降低放养密度，以减少管理难度和风险。

刚孵化的小蝌蚪通常会附着在池底，活动较少，也不主动觅食。3 天后，它们的活动会增多，并开始进食。

2.6.1.4　环境条件

维持孵化池的水质清洁，避免水体污染，同时保持适宜的水温，促进蝌蚪的正常发育。水质的 pH 和溶解氧含量也应得到监控，确保符合蝌蚪生长的要求。刚孵化的蝌蚪体质娇弱，对外界环境的变化极为敏感，特别是对水温、水质和光照条件的要求。水温低于 20 ℃或超过 30 ℃，水中溶解氧偏低，以及 pH 低于 6 或超过 8，都可能对蝌蚪的健康和生长造成不利影响，严重时甚至引发死亡。因此，水质管理应遵循以下原则：保持细水长流，确保水质新鲜无污染；水温应控制在 20～29 ℃，营造适宜的生长环境；pH 维持在 6～8，以促进蝌蚪健康。

通过提供适宜的环境和食物，棘胸蛙蝌蚪在初期能够健康快速地成长，为后续阶段的发育奠定良好的基础。这一时期的细心照料对蝌蚪的存活率和整体健康状况至关重要。

随着季节和气温的变化，适时调整养殖水体的深度，一般保持在 10～15 厘米，并每日更换一次池水，以保持水质的清洁和稳定。光照方面，室内自然光或室外凉棚下的漫射光就足够，务必避免强烈的直射阳光，以免对蝌蚪造成伤害。在这样的精心照料下，经过约 10 天的成长周期，蝌蚪的体长可达到 1～1.5 厘米，标志着它们进入了下一个生长阶段。

2.6.2　生长前期（11—20 日龄）

棘胸蛙蝌蚪在生长前期（11—20 日龄）的饲养管理需要特别关注，以确保它们能够获得足够的营养，同时考虑到其消化系统的发育状况。虽然小蝌蚪 10 天以后食量增大，且生长发育加快，还开始寻找新的食物，但实际上这时的小蝌蚪消化功能仍然不强，此时饲养水平直接影响到蝌蚪的成活率，因此，在饲养上必须补充饵料，以满足其生长发育的需求。

2.6.2.1　高蛋白流汁饵料

蛋黄与豆浆：此阶段蝌蚪的食量开始增加，但消化系统仍然较为稚嫩。因此，提供易消化的高蛋白流汁饵料是理想的选择，如蛋黄、豆浆。蛋黄和豆浆富含蛋白质，易于消化吸收，是适宜的饲料。

2.6.2.2　投饵量与频率

饵料每日应定时投喂一次[15]，投放时间白天或晚上均可，但要定时，确保蝌蚪能够有规律地摄取食物。根据蝌蚪的数量调整饵料的投喂量，比如每 1 500 尾蝌蚪可以投喂 1 只蛋黄，随着蝌蚪的成长和食量的增加，逐渐加大饵料的投喂量。也有一些养殖场使用牛奶投喂，由于蝌蚪的消化能力较弱，在孵化后的 20 天，可以使用如牛奶等富含营养的糊状饵料进行喂养，每天在早上 9 点和下午 5 点各喂一次，每次按照每 1 000 尾蝌蚪喂 10 毫升牛奶的比例进行。

2.6.2.3 饲养管理细节

（1）水质监控

在提供流汁饵料的同时，要特别注意水质的管理，避免饵料残渣过多导致水质恶化。定期更换水体，最好做到每天换一次池水，水的深度以 10～20 厘米为宜。这样可以保持水质清洁，防止蝌蚪中毒，预防疾病的发生。

（2）观察与调整

密切观察蝌蚪的生长状况和食欲，根据实际情况调整饵料的种类和投喂量。如果蝌蚪出现消化不良的迹象，如腹胀或活力下降，应及时调整饲料配方或减少投喂量。

2.6.2.4 温度与光照

维持适宜的水温和光照，可以促进蝌蚪的健康成长。避免温度过高或过低，以及避免强光直射，为蝌蚪提供一个舒适的生活环境。

上述饲养管理措施，可以确保棘胸蛙蝌蚪在生长前期获得足够的营养，同时避免消化系统负担过重，为后续阶段的健康发育奠定基础。经过精细喂养，蝌蚪到 20 日龄时，体长可达 2 厘米，体色变为淡棕色，背部有乳白色的花纹，身体与尾部交界处有明显的黑色 V 字形花纹。

2.6.3 生长中期（21—55 日龄）

在棘胸蛙蝌蚪生长中期（21—55 日龄）阶段，营养需求和饲养策略会发生重要转变，以适应其消化系统的发展和准备即将来临的变态过程。

2.6.3.1 转向植物性饲料

随着蝌蚪消化器官的成熟，消化功能不断增强，为促进蝌蚪消化道的尽快发育，适应特定蝌蚪期"食草性"的生物特性，20 日龄后应逐渐减少高蛋白流汁饲料的投喂，改为提供煮熟的植物性饲料或藻类性饲料，如煮熟的薯类茎叶、瓜类果叶、浮萍、米饭和鲜嫩水草。这一时期的饲养管理比较简单，即开始以植物性饵料为主、动物性饵料为辅，逐渐过渡到以动物性饵料为主。动物性饵料的增加会加速蝌蚪的变态，植物性饵料则能促进其个体长大，故平时应混合饲喂。

喂食煮熟的红薯、南瓜等有以下几个好处。

① 易于消化：煮熟的食物更容易被消化吸收。蝌蚪的消化系统在早期阶段较为简单，煮熟的食物可以减轻它们的消化负担，有助于营养物质的更好吸收，也有助于消化系统的进一步发育。

② 软化纤维：红薯、南瓜等含有一定的纤维素，煮熟可以软化这些纤维，使其更容易被蝌蚪消化。

③ 杀菌消毒：高温烹煮可以杀死食物中的细菌和寄生虫卵，减少蝌蚪感染疾病的风险。

④ 营养释放：烹饪过程有助于释放食物中的某些营养成分，使其更易于被蝌蚪吸收利用。

⑤ 改善口感：煮熟的食物质地更加柔软，对于蝌蚪来说更容易咀嚼和吞咽。

通过给蝌蚪提供煮熟的食物，养殖者可以确保蝌蚪获得营养均衡、易于消化的食物，有助于促进其健康成长。同时，这也是一种经济实用的饲养方法，可以有效地利用农作物副产品，降低成本。

2.6.3.2　饲料多样化

在提供植物性饲料的同时，可以适当添加一些藻类性饲料，如螺旋藻粉、小球藻，以补充必要的蛋白质和微量元素，保证蝌蚪的全面营养需求。20 天后，也可以改用人工配制的饲料来喂养，这种饲料营养全面，有助于加快蝌蚪的生长速度。当蝌蚪生长到大约 50 毫米时，投喂量应为其体重的 8%～10%；当蝌蚪增长到 100 毫米以上时，则按照其体重的 6% 来投喂。在蝌蚪的生长过程中，应根据其进食情况调整投喂量，以食欲下降作为停止投喂的标志。每次投喂时，应该分批次缓慢撒入饲料，等待蝌蚪将前一批饲料吃完后再撒下一批，直到蝌蚪吃饱不再进食为止。有文献研究报道棘胸蛙蝌蚪属于等速生长类型，且较大蝌蚪的最适投喂频率为 2 次/天，增加蝌蚪投喂频率至 3～5 次/天的效果不显著，对棘胸蛙蝌蚪的生长发育影响不明显[25]。

2.6.3.3　水质管理

蝌蚪池通常面积不大，但放养密度较高，加之频繁投喂饲料，水质很容易变差。生长中期的蝌蚪对水质的敏感度提高，因此，每天清理池内残余饲料，定期更换水体，保持水质清洁，是十分必要的。最好能做到在喂食 2 小时后，清理水体中的残余食物和粪便[16]。水质的清洁有助于预防疾病，确保蝌蚪健康成长。但也有一些养殖场采取部分换水的做法：每 3～5 天进行一次少量换水，每次更换约四分之一的池水。大约每 15 天应对整个池塘进行一次全面换水，并彻底清理池底的残留卵和食物残渣。

2.6.3.4　观察与调整

在转换饲料的过程中，应密切观察蝌蚪的反应，包括进食情况、活力和生长速度。如有必要，可适当调整饲料的种类和比例，以满足蝌蚪的实际需求。

饲养密度以每平方米 300～500 尾为宜，这样蝌蚪就能正常生长发育，到 50 日龄时，体长达 4 厘米以上，有些蝌蚪长出后脚。到这一时期，蝌蚪成活率可达 95%，如果水温偏低，该期的时间将会更长。

2.6.3.5　环境调整

维持适宜的水温和光照条件，促进蝌蚪的健康成长。避免水温骤变和强光直射，为蝌蚪提供一个稳定的生活环境。

影响蝌蚪生长速度的因素包括密度、饲料营养、遗传背景、管理水平、温度以及水质环境等多个方面。例如，杨伟国等的研究表明，在流水条件下使用最佳饲料（如鱼粉、麸粉混合或田螺）喂养，体长在 3～9 厘米的棘胸蛙蝌蚪的生长速率可达每天 0.071～0.083 厘米。刘韬等的研究也指出，高动物源蛋白含量的饲料最有利于棘胸蛙蝌蚪的生长发育[26]。也有相关研究进一步探讨了不同环境因素，如密度、光照强度和水温等对棘胸蛙蝌蚪生长发育的影响。研究结果表明，每池（面积 6 平方米）放养 500 尾蝌蚪的放养密度是最佳密度，光照强度在 80 Lux × 100 Lux 左右最为适宜，23 ℃的水温最有利于蝌蚪的快速生长[27]。

上述管理措施可以确保棘胸蛙蝌蚪在生长中期获得适当的营养，促进其消化器官的成熟，为接下来的变态期做好准备。这一阶段的细心照料对蝌蚪的健康成长至关重要。

2.6.4　生长后期（56—75 日龄，变态期）

棘胸蛙蝌蚪在生长后期（56—75 日龄）即变态期，长出四肢，尾巴逐渐缩短，经历着从水生到陆生的重大转变。生长后期是蝌蚪转化为幼蛙的关键时期，蝌蚪在此期要长出后肢和前肢，并且由水生转化为水陆两栖。蝌蚪后肢长出后 2 周（65 日龄）开始长前肢，前肢长出后，尾部开始被吸收，此时棘胸蛙蝌蚪就停止觅食进入变态期，完全依靠尾部作为此时发育所需的营养[16]。蝌蚪进入变态期到变态完成需 10 天左右，进入变态期的蝌蚪变态率可达 95%左右。这一阶段的管理尤为关键，以确保蝌蚪顺利过渡到幼蛙阶段。以下是一些重要的管理措施。

2.6.4.1　分级饲养

即使是同一批次的蝌蚪，在发育过程中也会出现个体大小的差异[16]，较大的蝌蚪发育速度更快，且抗病能力更强。因此，建议对蝌蚪进行筛选，剔除较小的蝌蚪，以便于统一管理。

（1）按发育阶段分群

根据蝌蚪的发育程度进行分级饲养，将体型相近、生长状况相近、发育同步的蝌蚪安排在同一池中，避免大小蝌蚪之间的竞争，确保每只蝌蚪都能获得足够的空间和资源。具体来说，同一日龄蝌蚪按个体大小不同进行分级，每月 1 次，以利于统一投饲管理。合理掌握饲养密度，在分级过程中进行分群、组合，以同级个体适当的密度，进行分池饲养。

（2）淘汰调整

随着蝌蚪的成长，它们之间的个体差异会逐渐显现出来，包括体型大小、活力等方面的差异。通过分级，直接淘汰那些体型过小、活力差、有明显疾病迹象或生长迟缓的蝌蚪，提高养殖效率和蝌蚪的存活率，以减少资源的浪费，并降低疾病传播的风险。分级淘汰有助于确保养殖群体的整体健康和生长效率，避免了因个体差异而导致的竞争压力和资源分配不均等问题。

2.6.4.2　差异化饲养策略与变态期调整

根据季节和气温控制变态时间：早期孵化的蝌蚪应加强饲养，促其当年变态；晚期孵化的蝌蚪应合理控制饲喂量，不使其当年变态，让蝌蚪越冬，以降低死亡率。蝌蚪生长发育后，变态的时间受繁殖孵化季节和外界气温的影响极大，一般 4—7 月产卵孵化的蝌蚪在 7—9 月中可以变态，而 8—9 月以后繁殖孵化的蝌蚪要经过越冬，到第二年 4 月以后才能变态成幼蛙。当然，对于那些在秋季末期自然完成变态的幼蛙，养殖者会提供额外的保护措施，如提供温暖的避难所，保持适当的湿度和温度，以及提供易于消化的食物，以帮助它们安全度过冬季。

对于棘胸蛙养殖来说，控制蝌蚪的生长节奏，尤其是决定是否让它们在当年完成变态过程，是一个基于生物学原理和养殖经验做出的策略性决策。

（1）早期孵化的蝌蚪加强饲养的原因

①充分利用生长季：早期孵化的蝌蚪有更长的生长季节，从春季直至秋季。这段时间温度适宜，食物丰富，是蝌蚪快速生长的理想时期。研究表明，变态后的幼蛙通过秋季强化培育，可显著提高越冬存活率[28]。

②促进变态进程：加强饲养，提供充足且高质量的食物，可以加速蝌蚪的生长速率，使其在当年内完成从蝌蚪到幼蛙的变态过程。这有助于缩短整

个养殖周期，提高养殖效率。

③ 避免冬季风险：如果蝌蚪在当年未能完成变态，那么它们将在冬季面临更高的死亡风险，因为低温和食物短缺会严重影响其生存能力。因此，促使早期孵化的蝌蚪在当年完成变态，可以避免冬季带来的挑战。

（2）晚期孵化的蝌蚪控制饲喂量的原因

① 适应季节限制：晚期孵化的蝌蚪面临着生长季节缩短的问题，它们可能没有足够的时间在当年内完成变态。如果在这种情况下强行加速生长，可能会导致身体发育不平衡，增加死亡率。

② 提高越冬生存率：控制晚期孵化蝌蚪的饲喂量，让它们在较小的体型下进入冬季，可以减少能量消耗，提高其在低温条件下的生存能力。这样，即使未能在当年完成变态，蝌蚪也能更好地度过冬季，等到第二年春季再继续生长。

③ 避免能量浪费：在冬季，即便提供大量食物，蝌蚪也可能因为低温而无法有效利用，这不仅浪费资源，还可能恶化水质，增加患病风险。

（3）晚期孵化的棘胸蛙蝌蚪不宜在变态期过冬的原因

① 体温调节能力：棘胸蛙属于冷血动物，其体温随环境温度变化。在冬季，水温和气温大幅下降，这会显著降低蝌蚪的代谢率和生长速度。如果蝌蚪在变态期过冬，低温环境会影响其体内激素的正常分泌和生理变化的进程，可能导致变态失败或延长变态时间，增加死亡风险。研究表明，刚完成蝌蚪变态的幼蛙，其越冬的存活率非常低[28]。

② 能量需求与供给：变态期是蝌蚪生命中一个能量需求极高的阶段，此时蝌蚪需要大量的能量来支持身体结构的重塑，如肺部的发育、尾部的吸收等。冬季食物资源匮乏，蝌蚪很难获取足够的能量来完成这一过程，这会导致能量供应不足，影响变态质量和生存率。

③ 免疫系统功能：低温环境可能削弱蝌蚪的免疫系统功能，使它们更容易受到病原体的侵害。在变态期间，蝌蚪的身体正在经历重大变化，其免疫系统可能暂时处于较为脆弱的状态，此时过冬会增加患病的风险。

④ 环境适应性：在变态完成后，幼蛙需要一个相对温暖和稳定的环境来适应新的陆生生活方式。冬季的低温和干燥条件不利于刚刚完成变态的幼蛙生存，它们可能无法有效调节体内水分和维持体温，从而增加死亡率。

因此，为了提高棘胸蛙蝌蚪的存活率和确保其健康成长，养殖者通常会选择控制晚期孵化蝌蚪的饲喂量，避免它们在当年进入变态期，而是让它们在相对稳定的环境下越冬，待到第二年春季再开始变态过程，这样可以提供给蝌蚪提供一个更加适宜的生长和变态环境。总之，这种差异化饲养策略是为了最大限度地提高蝌蚪的存活率和生长效率，同时考虑到不同孵化时间的蝌蚪所面临的季节性生长条件和生存挑战。通过精准的饲养管理，养殖者可以优化棘胸蛙的生命周期管理，确保养殖过程的可持续性和经济效益。

2.6.4.3 水陆环境

变态期的蝌蚪开始发展陆栖能力，因此，饲养池应提供一半的陆地面积，如图 2-9 所示，浅水区应只有 3 厘米左右的水位，模拟自然环境，以便蝌蚪练习跳跃和登陆，为蝌蚪向幼蛙的转变做好准备。同时，保持水体浅而清洁，为尚未完全变态的蝌蚪提供必要的水生环境。

图 2-9 晚期孵化池中水陆各半和部分幼蛙登陆

2.6.4.4　水质与温度

确保水质清新，定期更换水体，避免水质恶化引发疾病。同时，维持适宜的水温，促进蝌蚪的健康成长。对于需要越冬的蝌蚪，在营养需求满足的情况下，提高温度可促进其变态[29]。因此，可以利用恒温装置，促进越冬蝌蚪的变态，同时也可以利用恒温装置，避免气候反常天气变化对蝌蚪发育及变态的影响。

2.6.4.5　光线与环境

① 暗淡光线：提供柔和或暗淡的光线，避免强烈光照，有助于蝌蚪在安静的环境中完成变态过程，减少应激反应。

② 安静环境：保持饲养环境的安静，避免噪声和干扰，为蝌蚪提供一个平静的氛围，有利于其顺利完成变态。蝌蚪长齐四脚后避免惊动，保持环境安静。池中放适量水草，便于幼蛙歇息。

2.6.4.6　饲料调整

适应性饲料：随着蝌蚪的变态，其摄食量减少[30]，且其食性也会发生变化，应逐渐减少水生植物性饲料的比例，增加适合幼蛙的动物性饲料，如小型昆虫、水生昆虫的幼虫等，以适应其新的食性需求。饲料要品种多样、优质，正确掌握好合理的投饲量，不可过少过多，每天定点投喂一次，每次投喂量均衡，随日龄增长而逐渐适当增加。蝌蚪长腿后，逐步减少饵料的投喂量。刚变态的幼蛙，开口食必须投喂体长小于 0.5 厘米的小黄粉虫等[12]。文献表明，动物源蛋白含量较高的饲料有利于蝌蚪的生长、变态及发育[30]，而以植物源蛋白为主的喂养会延缓蝌蚪的变态[30]，甚至使蝌蚪的生长发育受到明显的抑制[26]。也有一些养殖户的经验表明，动物蛋白含量占总蛋白含量的 30% 以上时，可以显著缩短蝌蚪的变态时间；但动物蛋白含量占总蛋白含量的 40% 以上时，则可能影响蝌蚪的健康和正常发育。

2.6.4.7　观察与护理

在变态期，应密切观察蝌蚪的生长和发育情况，及时发现并处理任何异常现象，如发育迟缓、疾病感染。特别是在蝌蚪采食旺季或变态前后，应更严格做好投喂管理工作，并密切观察，以防各种疾病的发生或因环境条件的不适而带来不必要的损失。

上述管理措施可以为棘胸蛙蝌蚪提供一个适宜的环境，帮助它们顺利度过变态期，健康成长到幼蛙阶段。这一时期的细致照料对于提高棘胸蛙的养殖成功率至关重要。

2.6.4.8　饲养要点

①水质管理：整个饲养过程中，保持水质清洁至关重要，定期更换新水，避免患病。

②温度控制：维持适宜的水温，避免温度波动过大，影响蝌蚪的生长和发育。

③观察与调整：定期观察蝌蚪的生长状况和健康状态，根据实际情况调整饲养策略和饲料类型。

综上所述，棘胸蛙的蝌蚪对外界环境及敌害的适应能力和抵抗能力较差，稍不注意，就会造成很大损失。对棘胸蛙蝌蚪阶段的管理主要涉及水质管理、饵料投喂和光照与遮蔽。蝌蚪对水质的要求极高，必须保持水质清洁，定期更换新水，避免氨氮、亚硝酸盐等有害物质积累，同时确保水温稳定在适宜范围内，通常为15～25 ℃。蝌蚪初期主要依赖孵化黄囊，之后应逐渐引入适宜的饵料，如藻类、微生物和细碎的动物性饲料，确保营养全面，促进健康生长。适度的光照有助于蝌蚪的生长，但过于强烈的光线可能造成压力，应提供足够的遮蔽处，让蝌蚪可以躲避，减少应激。通过细致的饲养管理，棘胸蛙蝌蚪能够顺利度过各个生长阶段，最终健康成长为幼蛙，为棘胸蛙养殖的成功奠定基础。

2.7　棘胸蛙幼蛙的饲养

棘胸蛙的幼蛙，是由蝌蚪经历一段为期十多天的停食变态过程演变而来的。在这段变态期间，新生成的幼蛙体态柔弱，对环境条件异常敏感，特别是在其生命的头 10 天内，肺部和消化系统都处于极为脆弱的状态。因此，高水平的饲养管理是决定棘胸蛙幼蛙成活率和生长速度的核心因素。这要求养殖者必须细致入微地控制水质、温度和食物供给；同时，还需密切关注幼蛙的健康状况，及时采取措施应对任何可能的疾病或不适，以确保它们能够顺利度过这段关键的生长期，成长为健康的成年棘胸蛙。

2.7.1　初期饲料选择

2.7.1.1　活动性饲料

刚完成变态的幼蛙体型较小，抵抗力较弱，应投喂易于捕食且营养丰富的活动性饲料，如小蝇蛆、小黄粉虫、小蛆蝴。这类饲料不仅能激发幼蛙的捕食本能，还能提供必要的蛋白质和能量。

2.7.1.2　增加活饵供给

为了丰富幼蛙的食物来源，特别是在仿生态养殖环境中，可以通过在食台上方 80～100 厘米处安装一盏 8 瓦左右的黑光灯或荧光灯，来吸引昆虫。在灯源下方 30 厘米处设置一块玻璃挡板，当昆虫撞击挡板后，会掉落全食台，成为幼蛙的天然食物。这样不仅能满足棘胸蛙幼蛙不同生长阶段的营养需求，还能促进其自然捕食行为的发展，增强生存技能，提高养殖成效。

2.7.2　饲喂时间和量

棘胸蛙幼蛙的投喂管理需结合季节变化与生长需求，采取灵活的饲养策略。

2.7.2.1　傍晚投喂

每天傍晚投喂饲料，这个时间段接近幼蛙的自然觅食时间，有助于提高饲料的利用率。傍晚投喂的时间调整如下。

① 春季：应在 17 时之前完成投喂。

② 夏季：考虑到高温可能影响食欲，投喂时间推迟至 18 时之后。

③ 秋季：随着天气转凉，投喂时间应提前至 16 时左右，确保幼蛙在夜间温度下降前完成进食。

2.7.2.2　日投饲量控制

投饲量应根据季节、幼蛙的采食情况和幼蛙的体重灵活调整，通常维持在幼蛙体重的 1%～7%。随着幼蛙食量的增加，逐步增加投饲量，保持略有剩余的状态，确保每只幼蛙都能获得足够的食物，以保证营养充足而不浪费。

2.7.3　清洁与消毒

保持饵料台的清洁对于棘胸蛙幼蛙的健康和食欲至关重要，这不仅能够促进其进食欲望，还能有效预防疾病的发生。因此，在每次投喂之前，务必先清理饵料台上残留的蛙粪和未被消耗完的饵料，确保饵料台干净整洁，没有残留的蛙粪或者腐败的饵料，从而减少病菌的滋生，保持良好的卫生条件，有利于幼蛙的健康。这一日常维护工作是棘胸蛙幼蛙饲养管理中不可忽视的重要环节。同时，为了维持棘胸蛙幼蛙生活环境的水质清洁，应定期执行清污与换水工作。建议每 5～7 天进行一次彻底的更新换水，移除池塘中累积的废物和未被食用的饵料残余，以防水质恶化，确保幼蛙在一个健康、无污染的环境中茁壮成长。另外，为了保障棘胸蛙幼蛙的健康，预防疾病的发生，养殖管理中应包括定期的消毒措施。具体做法是，每隔10～15 天进行一次全面的消毒处理，使用适当的消毒剂对养殖环境进行清洁，以消除潜在的病原体。一旦发现有幼蛙出现疾病症状，应立即采取隔离措施，并给予针对性的治疗，以防疾病在群体中扩散，确保养殖群体的整体健康。

2.7.4　分级饲养和个体筛选

在棘胸蛙幼蛙的养殖过程中，适时进行个体筛选与分池饲养是一项重要的管理措施。实施分级饲养和个体筛选这项管理策略，不仅能够有效预防幼蛙间的互相蚕食，还能够促进所有幼蛙的均衡生长，确保养殖群体的整体健康和养殖效益的最大化。

2.7.4.1　观察与筛选

同一养殖批次的幼蛙，在经过一段时间的生长后，往往会出现个体大小不一的情况。为了避免体型较大的幼蛙对体型较小的同伴构成威胁，甚至出现大蛙吞食小蛙的现象，养殖者应定期进行分级饲养和个体筛选，避免大小混养导致的食物竞争和生长不均。

2.7.4.2　定期分池

为了避免互相蚕食，在非冬眠季节，建议每隔 1~2 个月执行一次筛选作业，将体型相似的幼蛙分配至同一养殖池中，以减少个体间的竞争压力和攻击行为，密度控制在每平方米 100~300 只，既能保证幼蛙有足够的活动空间，又利于管理和观察。文献报道刚变态的幼蛙每平方米最好在 100 只，稍大一点的幼蛙（小于 30 克）每平方米最好在 50 只，较大一点的幼蛙（50~80 克）幼蛙每平方米最好在 30 只[15]。

2.7.5　安全措施

防止逃逸与天敌：在蛙池上口加装纱盖，既可以防止幼蛙逃逸，又能阻止鼠类等天敌的侵扰，确保幼蛙的安全。

2.7.6　环境与水质管理

维持水质清洁，定期更换水体，保持适宜的水温和 pH，为幼蛙提供一个健康的生活环境。在棘胸蛙幼蛙的饲养管理中，精确调控水温是确保其健康成长的关键环节。

①理想水温范围：棘胸蛙幼蛙的理想水温应维持在 18～25 ℃，这一温度区间不仅有利于其生长，还能有效预防疾病的发生。

②高温应对策略：特别是在夏季高温季节，当检测到水温偏高时，应立即采取措施，比如增加换水频率和换水量，以迅速降低水温，防止幼蛙受到热应激的影响。

③常流水降温法：对于有条件实施的养殖场，保持水体流动不失为一种有效的降温手段，流动的水能带走多余的热量，为幼蛙提供一个更为凉爽的生长环境，从而达到防暑降温的目的。

④喷雾降温法：在夏季高温天气较多，气温较高时，水温也较高，常流水降温法可能不能有效降温，因此可以采用喷雾降温法，抽取深井水，连接喷雾系统，打开倒置喷雾口进行降温。一方面，深井水温度较低，可以有效降温；另一方面，喷雾也可以形成一个有效的热隔离屏障，防止外界或房顶的温度辐射进一步加剧。

2.7.7　光照

幼蛙池确实需要有适量的散射光线照射进来。光线对于幼蛙的生理健康和行为活动都有着重要的影响。

①散射光线的重要性：散射光线可以帮助幼蛙维持正常的生理节律，促进其视觉系统的发育，并有助于幼蛙的定向和活动。散射光线还可以促进植物的生长，为幼蛙提供遮蔽处和食物来源。

②避免强烈直射阳光：虽然适量的光线对幼蛙有益，但应避免强烈的直射阳光，因为它可能会导致水温过高，对幼蛙造成热应激，并增加水体中的

蒸发量，影响水质。

③ 遮阳设施：可以通过搭建遮阳网或使用树木、灌木等自然遮阳物来调节光线强度，确保幼蛙池内光线适宜。遮阳设施还能为幼蛙提供必要的遮蔽处，帮助它们调节体温。

④ 光照时间：根据地理位置和季节的不同，幼蛙池应接收到自然散射光线的时间长度也会有所不同。通常情况下，幼蛙池应接收每天几小时的自然散射光线。

⑤ 人工光源：在光线不足的情况下，可以考虑使用人工光源来补充自然光照。人工光源应选择柔和的散射光，避免使用过于强烈或聚焦的灯光，以免对幼蛙造成负面影响。

综上所述，幼蛙池需要有适量的散射光线照射进来，这对于幼蛙的生长发育是非常重要的。合理的光线管理，可以为幼蛙提供一个既安全又适宜的生长环境。

2.7.8　规律巡查和翔实记录

通过持续的巡查和记录，养殖者不仅能及时发现并解决问题，还能通过对数据的分析总结出有效的养殖策略，不断提升自身的养殖技术和管理水平，从而确保棘胸蛙幼蛙的健康成长和养殖业的可持续发展。

① 定时巡查：坚持每日早晚两次的池塘巡视，以监控幼蛙的健康状况和生长进度，同时评估池塘环境的安全性。

② 环境与生长观察：在巡查过程中，留心观察幼蛙的行为模式、活动范围以及池塘周边的环境变化，确保幼蛙处于适宜的生长条件中。定期观察幼蛙的生长状况和健康情况，及时发现并处理任何异常，如疾病感染或生长迟缓等问题。

③ 敌害监测：特别注意搜寻任何可能的天敌迹象，如蛇、鼠或其他潜在的捕食者，以防它们对幼蛙构成威胁。

④ 记录养殖日志：养成每日撰写养殖日志的习惯，详细记录每次巡查的

结果，包括幼蛙的生长指标、水质参数、天气状况以及任何异常情况，为后续的养殖实践提供宝贵的数据支持。

　　综上所述，上述饲养管理措施可以为棘胸蛙幼蛙提供一个适宜的生长环境，极大提高棘胸蛙幼蛙的生存概率，促进其健康成长，为后续的养殖工作奠定坚实的基础。幼蛙池中的幼蛙如图 2-10～图 2-12 所示。

图 2-10　幼蛙池中的幼蛙（一）

图 2-11　幼蛙池中的幼蛙（二）

图 2-12　幼蛙池中的幼蛙（三）

2.8　棘胸蛙成蛙的饲养

棘胸蛙成蛙的饲养是确保最终能够产出高质量商品蛙的关键环节。以下是关于饲料选择、饲养时间以及商品蛙销售等方面的一些建议。

2.8.1　棘胸蛙成蛙饲养的饲料选择

2.8.1.1　多样化饲料

① 活饵料：黄粉虫、黑水虻、蚯蚓、蝇蛆等，这些都是棘胸蛙喜爱的食物，能提供丰富的蛋白质。

② 人工配合饲料：市面上有专门为两栖动物设计的饲料，含有全面的营养成分，适合成蛙的生长需求。

③ 植物性食物：煮熟的菠菜、生菜等蔬菜，以及苹果、香蕉等水果，有助于补充维生素和矿物质。

2.8.1.2　饲料配比

根据成蛙的不同生长阶段调整饲料配比，通常以动物性饲料为主，辅以适量的植物性食物。随着成蛙的逐渐成熟，可以适当增加植物性饲料的比例，以满足其能量需求和促进健康生长。

2.8.2　棘胸蛙成蛙饲养的饲养时间

2.8.2.1　定时定量

成蛙每天的投喂次数可以根据实际情况调整，一般早晚各一次较为合适。投喂量应根据成蛙的体重和食欲来确定，以避免浪费和保证营养供给。

2.8.2.2 观察调整

应定期观察成蛙的进食情况和健康状态，适时调整饲料种类和投喂量。在生长旺季，可以适当增加投喂次数和量，以促进快速生长。

已有研究表明投喂黑水虻的棘胸蛙增重高于投喂黄粉虫的棘胸蛙，特别是在成蛙饲养中差距最大，第二年越冬的成蛙增重率最高[2]。

2.8.3　棘胸蛙成蛙的饲养环境

2.8.3.1 水质管理

确保水质清洁，定期更换池水，避免饲料残渣和粪便积累。维持适宜的水温（一般为 18～25 ℃）和 pH（中性或略偏酸性，6～7）。

2.8.3.2 环境布置

提供足够的遮蔽物，如大块瓷砖、石头、木材或人造洞穴，供棘胸蛙休息和躲避。池塘底部铺设一层沙子或细石，模仿自然环境，有利于棘胸蛙的健康。放养密度每平方米在 20 只左右最佳[15]。

2.8.3.3 光照与温度

确保养殖池内有适当的光照，但避免直射阳光（见图 2-13）。控制室内温度，避免过高或过低的极端温度。棘胸蛙冬眠时，可以停止喂食，但当冬季气温高于 12 ℃时，可以采取适当的间歇性喂食，保证冬季营养和能量[18]。

2.8.3.4 雨季应对

在下雨天，特别是雨季发山洪大水时，一些污染物、细菌、病毒会随着洪水来到养殖场。而雨天，棘胸蛙都会爬上岸边，不待在水中。因此，考虑在雨天，暂停将高山上的流水引入幼蛙和成蛙养殖场，避免细菌病毒带入养殖场。

图 2-13　成蛙喜好较弱光线

2.8.4　商品蛙

当年越冬的蝌蚪还需要经过两年的生长，到第三年才可以达到可销售的商品蛙规格，即从蝌蚪阶段到商品蛙需要经历当年、第二年和第三年的生长周期。而那些在当年下半年完成变态上岸的蝌蚪，在当年变成小蛙后并有一定生长期的小蛙，则通常在次年就能达到可销售的商品蛙规格，即总共只需要两年的时间。一般来说，新手养殖户为了缩短养殖时间，较早收回成本，实现销售利润，更重视春季前几批蛙卵的孵化。当然，养殖场也会综合考虑种蛙的数量和养殖场地面积及规模等因素，从而培育夏季孵化蛙卵。

2.8.5　商品蛙销售

2.8.5.1　市场调研

在销售前应做好市场调研，了解市场需求和价格走势，选择合适的销售渠道。注意与信誉良好的收购商建立合作关系，确保销售渠道畅通。目前来说，浙江当地的棘胸蛙大部分销往广东，当地销售少部分。

2.8.5.2　品质保证

销售的商品蛙应保证质量，外观健康、无病无伤。根据客户需求提供不同规格的商品蛙，满足市场多元化需求。

2.8.5.3　包装运输

在运输过程中应注意保持适当的温度和湿度，防止挤压和受伤。棘胸蛙在潮湿的环境下于 4 ℃冰箱中至少可以存活十几天，所以一般来说，温度较低利于棘胸蛙的运输。使用专业的包装材料，确保商品蛙在运输途中不易受损。养殖户常常将一定量的棘胸蛙放入一个网纱袋，注意密度不要过高，再将网纱袋放入四周有孔的泡沫箱，低温运输。科学合理的饲养管理和市场营销策略，可以有效地提高棘胸蛙的养殖效益，确保商品蛙的质量和销售顺畅。

总之，棘胸蛙的养殖和管理是一项非常精细化的工作。只有科学地管理，才能实现最优化养殖。有研究指出，通过人工调控养殖池的水温和 pH，并根据棘胸蛙的生活习性，合理改进亲蛙选育、蝌蚪培育、幼蛙饲养及病害防治等技术，可以实现棘胸蛙每年产卵 6~7 次，年产卵量达到 1 935 粒，蛙卵孵化率达到 96.1%，蝌蚪变态率达到 96.5%，幼蛙成活率达到 96.8%的养殖成效[12]。

2.9　棘胸蛙养殖的经济效益

棘胸蛙养殖的经济效益可以从以下五个方面来考量。

2.9.1　商品蛙销售

2.9.1.1　市场需求

随着人们生活水平的提高和对绿色健康食品的需求增加，棘胸蛙作为高档滋补品在市场上的需求日益增长。同时，棘胸蛙因其独特的营养价值和口感，受到消费者的广泛欢迎。

2.9.1.2　价格

棘胸蛙因其营养价值高、口感好等特点，市场价格通常较高，可以带来较好的经济回报。根据品质和规格的不同，商品蛙的价格也有所差异，优质商品蛙可以获得更高的利润。

2.9.1.3　销售渠道

通过酒店、餐厅、超市、线上电商平台等渠道销售商品蛙，能够拓宽市场，增加销售收入。开展直销、预订和配送服务，拓宽销售渠道，提高销售效率。

2.9.2　种蛙销售

目前，棘胸蛙养殖户主要通过销售商品蛙或种蛙来实现盈利。是否进行种蛙销售在一定程度上反映了养殖户或企业的科学管理水平和技术实力。因此，在棘胸蛙销售策略上，不仅要关注商品蛙的销售，还应该重视种蛙的繁殖与销售。

种蛙的销售价格通常比商品蛙更高，这为养殖户提供了增加收入的机会。通过提供优质种蛙，不仅可以提升自身的市场竞争力，还能带动整个行业的健康发展。因此，对于养殖户而言，发展种蛙繁殖业务是一项既能体现技术水平又能增加经济效益的重要举措。

2.9.2.1　价格优势

种蛙相对于商品蛙而言，具有更高的附加值，因为它们能够持续产生后代，为养殖者提供稳定的种源。对于专业养殖户来说，种蛙销售是获取高附加值收益的有效途径。

2.9.2.2　技术含量

销售种蛙在某种程度上体现了养殖者的科学管理水平和技术实力，有助于树立品牌，吸引高端客户。

2.9.2.3　长期收益

优质的种蛙能够带来长期的经济效益，因为它们可以反复繁殖，持续供应市场。

2.9.2.4　市场需求

新兴的棘胸蛙养殖企业或个人需要优质种蛙来启动养殖项目。种蛙销售可以帮助建立稳定的客户关系，促进长期合作。

2.9.3　幼蛙销售

2.9.3.1　市场需求

对于一些小型养殖户或新手来说，购买幼蛙可以直接进入养殖阶段，节省时间和精力。

幼蛙销售可以为大型养殖场提供额外的收入来源。

2.9.3.2　价格优势

幼蛙的价格低于种蛙和商品蛙，但高于蛙卵。

通过规模化生产和销售幼蛙，可以提高整体经济效益。

2.9.3.3　销售渠道

幼蛙可以通过养殖合作社、网络平台等多种渠道销售。

向周边地区的养殖户提供幼蛙，扩大市场覆盖面。

2.9.4　蛙卵和蝌蚪销售

鉴于棘胸蛙的蛙卵和蝌蚪还有重要的药用价值，具有乌发、清毒接疮、明目之功效，因此蛙卵和蝌蚪在一定程度上可以被开发成药物，也可以被开发为与蛙卵相关的食谱。

2.9.4.1　市场需求

蛙卵是棘胸蛙养殖的起点，对于初学者来说尤为重要。销售蛙卵和蝌蚪可以为其他养殖户提供启动资源，同时也可以作为自身养殖的补充。

2.9.4.2　价格优势

蛙卵和蝌蚪的价格相对较低，但市场需求量大，可以带来稳定的收入。大规模生产蛙卵，可以降低单位成本，提高利润空间。

2.9.4.3　销售渠道

蛙卵和蝌蚪可以通过养殖协会、农资店等渠道销售。利用互联网平台进行线上销售，扩大市场范围。

2.9.5　棘胸蛙养殖的经济效益的其他考量因素

2.9.5.1　成本控制

①饲料成本：科学合理的饲料配比和投喂管理，可以降低饲料成本，提高养殖效益。

②疾病预防：有效的疾病预防措施可以减少药物使用，降低治疗成本，提高存活率。

③水质管理：良好的水质管理可以减少疾病发生，提高成活率和生长速度。同时，探索棘胸蛙高效养殖的环保模式，提高水资源的利用效率，减少

水体污染[5]。

2.9.5.2　政策支持与补贴

①政府扶持：部分地区政府会对特色养殖项目提供一定的政策支持和财政补贴，有助于减轻前期投入负担。

②科研合作：与科研机构合作，建立棘胸蛙产地保护区，推进良种选育[5]，引进先进的养殖技术和管理经验，提高生产效率。

2.9.5.3　品牌建设和市场推广

①品牌效应：培育龙头企业，通过打造品牌，提高产品知名度和影响力，吸引更多消费者[5]。

②市场推广：利用网络营销、展会等方式扩大市场覆盖面，提高销售额。

通过综合运用上述策略，棘胸蛙养殖可以实现较好的经济效益。当然，实际效益还会受到市场供需、养殖技术、管理水平等多种因素的影响。

2.10　龙泉市养殖场实际案例

野生棘胸蛙常年栖息于阴凉的山溪水沟边或有瀑布的石洞附近。龙泉市绿之源棘胸蛙养殖场和旺宝棘胸蛙养殖场都尽可能仿造棘胸蛙野生生活环境，两个养殖场紧挨在一起，均在高山山脚，水源采用没有污染的高山流水，而且靠近高山水源温度和气温均相对较低，同时远离城市和路边等嘈杂区域，且附近高山均未被人工开采或者制作人工景点，属于较为安静的山林，噪声和污染均较少。

野生棘胸蛙喜在潮湿安静、少光、近水源、阴凉的山岩石壁下穴居，因此养殖场里，也设置了让棘胸蛙躲避的地方。这两个养殖场的养殖者在养殖池水边放置大块瓷砖，瓷砖与水面保持5～7厘米，利于棘胸蛙躲避。

野生棘胸蛙有群居和夜间觅食的习性，夜间是活动的盛期，平时活动较弱、平稳。因此在投食时，这两个养殖场的养殖者也应选择傍晚快要天黑时喂食，以投喂好刚好天黑为宜。当外周环境安静、昏暗时，棘胸蛙会从躲避处上岸吃养殖者投喂的黄粉虫。

野生棘胸蛙喜食蚯蚓、蛆虫、蚱蜢、蚁类、泥鳅、河蟹、蝼蛄等活饵，因此养殖者给棘胸蛙选择的饵料也以动物性饵料为主，如黄粉虫等，辅以维生素等。在气温较低的季节，黄粉虫可以存放较长时间。这两个养殖场的黄粉虫主要依赖于从山东黄粉虫养殖基地采购，山东的黄粉虫价格较本地便宜，但要求采购量大。而在气温适合黄粉虫繁殖的季节或气温较高的季节，主要采购自龙泉本地的黄粉虫养殖场，或者自家的黄粉虫养殖基地。但本地采购的黄粉虫价格稍贵，且黄粉虫的产量供不应求，不能满足当地棘胸蛙养殖场对黄粉虫的需求。

在种蛙培育时，养殖者会购买一些健壮种蛙。养殖者考虑到福建的棘胸蛙较黑，成色卖相和市场需求不如龙泉的棘胸蛙好。相对来说，龙泉的棘胸蛙深受市场喜欢。养殖者通过调查了解本地各养殖户种蛙的养殖规模、种蛙的成色和大小，从本地棘胸蛙养殖较好的养殖场里购买健硕的种蛙，并且从自家养殖场里挑选健硕的种蛙，大约 100 对健康壮硕的种蛙混在一起进行繁殖。

在种蛙繁殖期间，养殖者还特意制造流水滴水的声音，刺激棘胸蛙种蛙的繁殖行为。同时，养殖者在种蛙在冬眠前的 9 月和 10 月会给棘胸蛙多喂维生素，他们通常会选择复合维生素，也会给棘胸蛙适当补充一些鱼肝油。因为具有充足营养的棘胸蛙种蛙，相对来说，可以产较多的卵。到了第二年春季，温度逐渐升高至 18 ℃左右时，雌蛙开始产卵，这时的水温为 20~25 ℃。浙江龙泉一带的棘胸蛙一般在 4 月就开始发情，每次排卵量至少为 1 000 粒，多则达 3 000 粒。野生棘胸蛙在繁殖盛期，活动频繁，具有鸣叫和拖对等行为。因此在棘胸蛙繁殖期间，这两个养殖场的养殖者会特意给棘胸蛙营造良好的仿野生繁殖氛围，并配置好雌雄比例为 2:1，这样的雌雄比例合适，产卵率较高。并且养殖者在当雌蛙产卵期间，会加大水流（见图 2-14），刺激产卵。同时，他们在种蛙（见图 2-15）配对的流水池的水面放置漂浮板以收集卵子，因为卵子具有黏性，会黏附在漂浮板上（见图 2-16）。在雌蛙产卵期间，他们会严密观察，适时将黏满卵粒的漂浮板放入孵化池。卵的放置密度为大约每 6 平方米孵化池放入 2 000 枚卵。他们养殖池里的蛙卵通常在 8～20 天后可孵化成蝌蚪。

图 2-14　配对池中的雌雄种蛙配对及加大的水流　　图 2-15　配对池中的种蛙

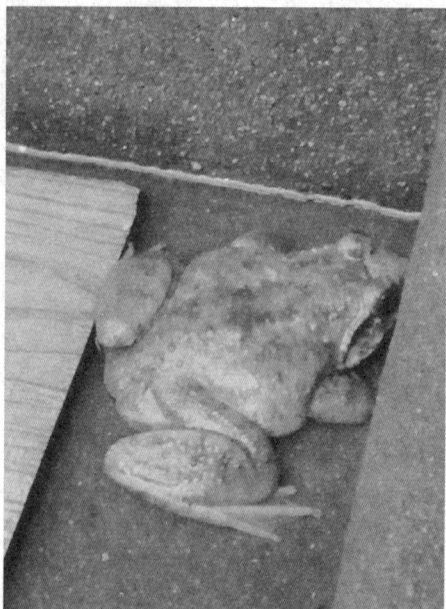

　　养殖者还选用了合适大小的铁丝网分选大蝌蚪。由于同一日龄蝌蚪发育后有大小之分，大蝌蚪发育快，同时抗病性较强。因此，养殖者将蝌蚪分选，因他们养殖场的棘胸蛙产卵非常多，孵化率达 90%以上，孵化出来的蝌蚪非常多，他们在这种情况下会直接舍弃小蝌蚪，以利于统一管理。这种用合适大小的铁丝网过滤掉较小的蝌蚪的方法，一定程度上减少了食物和空间的竞争。

　　在适宜的环境中，蝌蚪一般经 60～75 天的生长变态成幼蛙。另外，养殖者将幼蛙养殖池设置成斜坡，让幼蛙发育到可以登陆的阶段时，能够成功登陆；同时，他们在幼蛙养殖池上方 20～30 厘米处还设置了细细的流水，增加水的溶氧量；并在幼蛙池上方设置了遮阳网，这样就会有少量的散射光线照入幼蛙池。

图 2-16　蛙卵黏附在漂浮板上

　　这两个养殖场的养殖者尤其水温变化和关注棘胸蛙进食情况，特别是到了 10 月底，密切关注棘胸蛙是否进入冬眠状态。棘胸蛙为冷血变温动物，当水温降至 10 ℃及以下时，它们就会进入冬眠，冬眠期约为 4 个月。养殖者们在棘胸蛙冬眠期间不喂食，冬眠结束后棘胸蛙体重将会适度减轻，但是在冬眠结束，棘胸蛙进食后体重就会较快恢复。冬眠期间，养殖者仍然坚持每日巡查和记录，特别是要开始结冰或者已经结冰时，养殖者会及时将冰敲破，因为水面结冰将会影响水中的含氧量，影响棘胸蛙冬眠。如果不及时将冰敲破、捞去浮冰或者不想办法阻止水面结冰，将有可能会导致部分冬眠的棘胸蛙死亡。

　　当然这两个养殖场有时也会经历极端天气，比如夏季长时间高温干燥、山上溪流的流水少，流水温度达到 30 ℃以上，如冰雹、暴雨山洪、大雪天气或者极端降温天气，所以他们特别注意观察天气和温度。他们也特别注意闷热的低气压天气，因为这样的天气，棘胸蛙会从水里上岸，会产生应激反应从而跳窗逃走。因此，他们养殖场的窗户设置较高，且窗户上钉有纱窗以防棘胸蛙逃走（见图 2-17）。周边个别养殖户就曾出现在刚开始养棘胸蛙时，因经验不足，在一个闷热的夜晚大量棘胸蛙一夜之间全逃走的情况，造成巨大损失。

图 2-17　窗户纱窗防逃网

　　面对每年夏天必经的高温炎热天气，这两个养殖场特意为棘胸蛙养殖安装了倒置喷头管道喷雾系统。管道喷雾系统的好处多多，不仅可以用来代替人工泼洒消毒，减少人工投入，极大地缩减了养殖场场内消毒的繁重人工问题，解决了劳动力不足的问题，还可以减少对棘胸蛙的惊扰，而且在高温天气，还可以利用管道喷雾系统（见图 2-18）实现快速水雾降温，降低了棘胸蛙高温天气的高温发病率；还可以避免棘胸蛙蝌蚪跳到干燥的水泥斜坡上而导致蝌蚪死亡，极大地降低了蝌蚪的死亡率。养殖者先聘请施工工人在养殖池上方安装了金属管架构，在金属管架构下方 20 厘米处安装了 PPR 管道，并且按实际场地大小安装倒置喷头（见图 2-19）。利用多个小水泵从几个大水箱中泵水，通过 PPR 管道，从倒置安装的喷头喷水。这样一方面通过水雾屏障隔离热辐射，另一方面也给养殖池喷雾降温。蛙池外管道系统如图 2-20 所示。

图 2-18　倒置喷雾装置正在喷雾

图 2-19　倒置喷头

图 2-20 蛙池外管道系统

孵化时间与水温密切相关。在浙江龙泉一带,当水温处于 20 ℃左右时,15~25 天,棘胸蛙可孵化为小蝌蚪。养殖者发现出膜后的小蝌蚪,4~5 天内不需要喂食,它会吃尚未孵化成功的卵。在孵化 4~5 天后,养殖者会给蝌蚪喂食煮熟的红薯、南瓜等蔬果,再渐渐过渡到喂食蝌蚪专用鱼粉饲料,一直喂养直到变态。养殖者投喂饲料的量,一般以 1 小时内吃完为标准。出膜 80 天后,幼蛙开始变态。若在冬眠前,幼蛙还未完成变态,养殖者会调整喂食和管理,使其到第二年再变态。变态期的蝌蚪将要准备登陆时,养殖者会抽出部分孵化池的水减少,露出底部的斜坡,以让幼蛙适时登陆。登陆后的幼蛙,养殖者会投喂自己养殖场养殖的特别小的黄粉虫,约 1 厘米大小,同时还将维生素、鱼肝油搅拌到黄粉虫上,撒在岸上,幼蛙会自行抓捕黄粉虫。随着幼蛙的长大,喂食的黄粉虫也要逐渐喂大一点的。这也是为什么这两个养殖场要自行养殖黄粉虫,就是因为能根据棘胸蛙幼蛙的开口大小适时调整黄粉虫的大小。而一般从市场上或其他地方购买的黄粉虫,很难符合这种要求。到第二年,清明节前后,气温上升,棘胸蛙开始活动,这时养殖者会将幼蛙转入成蛙池。转池时,养殖者会淘汰活力差且弱小的蛙,留下个头较大、活动性强且健康的蛙,养殖密度为大约每平米 30 只蛙。第三年再将成蛙池中的一半分出到另一个新的蛙池中,因为随着成蛙的长大,每平米 30 只蛙已经非常拥挤,因此要养殖比例减半。对于成蛙的喂养,养殖者会给成蛙喂黄粉虫,同时间隔 2～3 天添加一次维生素和鱼肝油。具体是将维生素、鱼肝油拌入黄粉虫里,这样维生素和鱼肝油会裹在虫子上,当棘胸蛙吃了黄粉虫时,也吃进了维生素和鱼肝油。养殖者初步计算了从吃大黄粉虫的成蛙开始到出售,每只成蛙约吃掉 500 克黄粉虫。

这两个养殖场的养殖者还给养殖场安装了棘胸蛙养殖监控系统。该系统包括硬盘、显示器、摄像头(见图 2-21)、录像机四个主要部分。该系统带有夜间红外摄像功能(见图 2-22)。该系统有利于监控棘胸蛙进食的时间和进食状况,监控棘胸蛙的发病,监控外来物种进入养殖场捕食棘胸蛙的情况,以及监控外来人员的情况和其他情况。

图 2-21　蛙池的监控摄像头

图 2-22　从养殖场红外监控系统的屏幕上监控棘胸蛙进食

这两个养殖场的养殖者还采用中草药包对棘胸蛙进行疾病预防。他们首先进行了短期内小范围的试验,即对一池棘胸蛙成蛙使用了中药药包浸泡。中药药包的内容物包括五倍子 20～50 克、鱼腥草 20～38 克、穿心莲 20～35 克、蒲公英 20～50 克、大青叶 20～50 克、大黄 20～30 克。将这些中草药做成药包,每 7 日更换一次。

养殖场中的棘胸蛙如图 2-23～图 2-25 所示,棘胸蛙简易养殖场如图 2-26 所示。

图 2-23　正常棘胸蛙图片
（旺宝棘胸蛙养殖场）

图 2-24　养殖池内潜在水中的棘胸蛙
（绿之源棘胸蛙养殖场）

图 2-25　养殖池内的棘胸蛙
（绿之源棘胸蛙养殖场）

图 2-26　棘胸蛙简易养殖场

第3章　棘胸蛙的疾病及预防治疗

　　棘胸蛙作为一种珍贵的两栖类动物，因其营养价值高、肉质鲜美而备受市场青睐。然而，由于棘胸蛙的人工养殖环境与自然环境存在差异，加之养殖过程中可能遇到的管理不当等问题，棘胸蛙常常遭受各种疾病的困扰。这些疾病不仅影响棘胸蛙的生长发育，还会导致产量下降，严重影响养殖者的经济效益。

　　蛙病的发生往往不是孤立的现象，而更多的是由蛙体、病原体和生活环境这三者之间相互作用的结果，这种复杂的互动决定了疾病的产生和发展。文献研究表明，在棘胸蛙养殖过程中，必须坚持"无病先防，有病早治，防重于治"的原则，特别是早期预防尤为重要[31]。

　　棘胸蛙的疾病类型除了腐皮病、红腿病、胃肠病等常见疾病外，还有一些不常见的疾病。如表现为溃疡、坏死或疣状增生的非典型的皮肤病，有表现为皮肤上的斑块、结节或溃疡的真菌感染，因免疫系统错误地攻击自身组织的免疫介导性疾病，有因农药、工业化学品或药物残留导致的生长迟缓、性腺发育异常、生殖行为改变等内分泌紊乱疾病，有因长期营养不良、重金属中毒或慢性寄生虫感染导致的肝脏、肾脏或心脏等特定器官的功能障碍的器官特异性疾病，有因病毒性脑炎、重金属中毒或某些寄生虫侵袭神经系统导致的表现为行为异常，如运动失调、抽搐或瘫痪的神经系统疾病，有因不平衡的饮食、缺乏某些矿物质或维生素或过度补充某些营养成分而导致的脂肪肝、骨软化症等营养代谢障碍，有因某些蠕虫或原生动物等特定类型的寄生虫导致的内脏器官的囊肿或炎症等罕见寄生虫感染等。

为了有效控制和预防棘胸蛙常见疾病，本章节将介绍常见的多种棘胸蛙疾病，涉及棘胸蛙的卵、蝌蚪、幼蛙、成蛙相关的疾病，针对具体疾病具体分析其病因、症状及发病规律，并提供相应的预防和治疗措施等。

3.1 棘胸蛙卵霉菌病

棘胸蛙卵霉菌病，危害大，霉菌繁殖快，进展迅速，几乎一夜之间就能蔓延至整个卵群，从而影响整池蛙卵的孵化，极大地降低了蛙卵的孵化率。对于长期养殖棘胸蛙的养殖户来说，棘胸蛙卵霉菌病发生概率不大，但是对于刚入门的养殖者来说，还是具有挑战性的。蛙卵霉菌病的具体症状、病因和防治措施如下。

3.1.1 棘胸蛙卵霉菌病的症状

在棘胸蛙蛙卵的孵化池内，肉眼可以观察到卵块表面长出了灰白色的菌丝。这些霉菌繁殖速度极快，常常一夜之间就能波及整个卵群，从而消耗大量的氧气和营养物质，进一步导致蛙卵大量死亡，危害严重。

3.1.2 棘胸蛙卵霉菌病的病因

蛙卵霉菌病是由霉菌引起的。不良的水质条件、卵块过于密集、气温突然下降以及卵块缺乏光照等因素都可能导致该病的发生，特别是在阴雨天气时更为常见。

3.1.3 棘胸蛙卵霉菌病的防治措施

① 小心操作：在采集和搬运蛙卵时动作要轻柔，避免损伤卵膜。同时，应及时清理死卵，以免水质受到污染。

② 消毒处理：可以使用浓度为 0.3 毫克/升的高锰酸钾溶液对蛙卵进行浸泡处理，每次浸泡 5 分钟，以达到消灭霉菌的目的。

3.2　棘胸蛙蝌蚪气泡病

3.2.1　棘胸蛙蝌蚪气泡病症状

棘胸蛙蝌蚪气泡病是一种常见的疾病，特别是在养殖环境中，常常成群发病。该病的主要症状如下[32]。

① 外表附着大量气泡：患病蝌蚪的体表会附着大量小气泡，这些气泡可能是水中溶解气体过多（如氮气、氧气）而导致的。

② 腹部膨胀：蝌蚪的腹部会出现明显的膨胀现象。

③ 肠内充满气泡：肠道内部也可能充满了气泡，这会影响消化功能。

④ 身体失去平衡：由于体内气泡的影响，蝌蚪会失去正常的游泳能力，表现出行为异常。

⑤ 腹部朝上漂浮水面：最终，患病严重的蝌蚪会腹部朝上漂浮在水面上，这是死亡前的一个明显征兆。

患气泡病的蝌蚪如图 3-1 所示。

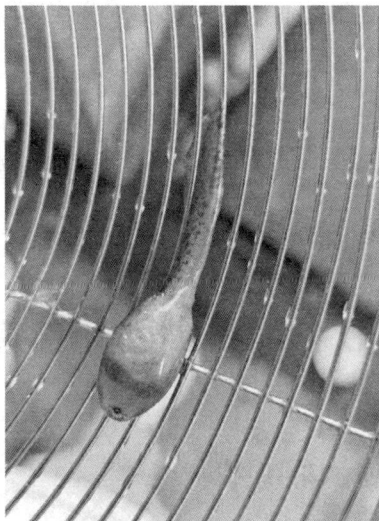

图 3-1　用工具捞起来漂浮在水面的气泡病蝌蚪

3.2.2　棘胸蛙蝌蚪气泡病的预防和治疗

气泡病通常是水质问题引起的，例如，过量的气体溶解在水中，沉积池底的有机物发酵分解产生细小的水泡，蝌蚪将气泡吞入肠道内，或者是水质突然发生变化。这种病症多发生在水温高、池水中氮素含量高的水泥池中。预防和治疗气泡病的关键在于以下 7 个方面。

① 最有效的方法是换水，将病蝌蚪移入水质清新的水域中暂养 1~2 天。

② 改善水质：定期更换水质，确保水中溶解气体的浓度适宜，高温期间要保持充足的长流水。

③ 控制气体溶解度：避免水体过度曝气或搅拌，以减少过多气体溶解的可能性。

④ 提供适当的饲养环境：确保饲养条件稳定，避免温度、pH 等参数的剧烈波动。

⑤ 及时隔离：一旦发现患病个体，应及时隔离，防止疾病扩散。

⑥ 调整饲养密度：降低饲养密度，减少蝌蚪之间的竞争压力。

⑦ 加大蝌蚪池进水速度，用聚维酮碘对水体消毒，同时在蝌蚪饲料中添加保肝宁、食盐、双黄连等。其中保肝宁和双黄连连续投喂 10 天，可取得明显效果[16]。

如果气泡病已经发生，可以尝试通过改善水质来缓解症状，并移除已经死亡的个体以防病菌传播。同时，应密切监测其他蝌蚪的状态，以便尽早发现并处理新的病例。

3.3　棘胸蛙蝌蚪出血病

3.3.1　棘胸蛙蝌蚪出血病的症状表现

已有研究表明，鲍曼不动杆菌（Acinetobacter baumannii）可引起蝌蚪出血病，这是一种细菌性疾病。该病在蝌蚪中表现为一系列出血症状，并且常常与"水肿病"并发。以下是具体的症状表现[32]。

① 腹部有点状出血：患病蝌蚪的腹部会出现散在的小出血点。

② 下颌突出充血：下颌区域可能会出现红肿和充血的现象。

③ 肝、肠明显充血：内脏器官如肝脏和肠道会有明显的充血表现，这可能是由于细菌感染导致的炎症反应。

④ 常与"水肿病"并发：这意味着患病蝌蚪除了上述症状，还可能伴有水肿病的症状，如腹部膨胀、体液积聚等。

3.3.2　棘胸蛙蝌蚪出血病的抗生素治疗及建议

鲍曼不动杆菌是一种多重耐药菌，因此在选择抗生素治疗时需谨慎，并尽可能依据药敏试验结果来选择最合适的药物。在处理任何疾病时，养殖者都应该遵循兽医的专业指导。

① 隔离患病个体：一旦发现疑似病例，应立即将患病个体隔离，以防疾病的传播。

② 改善水质：确保水质清洁，定期更换水体，维持适宜的水温、pH 和溶解氧水平。

③ 消毒措施：使用适当的消毒剂对饲养器具和环境进行消毒，以减少细菌的存在。

④ 抗生素治疗：对于已感染的个体，可以在兽医指导下使用对鲍曼不动杆菌有效的抗生素进行治疗。常用的抗生素包括但不限于头孢菌素类、氨基糖苷类等。

⑤ 增强免疫力：提供充足的营养，增强蝌蚪的免疫力，有助于抵抗疾病。

3.3.3　棘胸蛙蝌蚪出血病的中草药治疗及建议

针对由鲍曼不动杆菌引起的蝌蚪出血病，可以更换饲料和添加特定中草药成分以辅助治疗[33]。这种方法结合了传统草药和营养补充，旨在提高蝌蚪的免疫力并促进康复。此种方法旨在通过增加营养摄入和利用草药的自然功效来改善蝌蚪的整体健康状况，减轻炎症和中毒症状，需要每天饲喂 2 次，连续喂食 5 天。具体治疗方法如下。

3.3.3.1 更换饲料

立即停止使用原来的饲料，转而使用鲜活饲料，以提供更多的营养支持。

3.3.3.2 停用红霉素等抗生素

虽然红霉素等抗生素可能对某些细菌感染有效，但鲍曼不动杆菌往往具有多重耐药性，因此可能需要考虑其他治疗方案。

3.3.3.3 饲料中添加草药成分

① 5%鸡骨草粉：鸡骨草（Saussurea heteromalla 或其他相关物种）被认为具有清热解毒的功效，可用于护肝。

② 3%蚯蚓粉：蚯蚓粉富含蛋白质和其他营养成分，可以帮助提高蝌蚪的免疫力。

③ 3%车前粉：车前草（Plantago asiatica）具有利尿、解毒的作用，可以帮助保护肾脏。

3.3.3.4 注意事项

① 遵循兽医指导：在采用任何治疗方案之前，最好先咨询专业的兽医或相关专家，以确保治疗方案的安全性和有效性。

② 改善环境：继续关注水质和饲养环境的清洁，确保适宜的水温和 pH 值，减少应激因素。

③ 综合治疗：除了上述饮食调整外，还可以考虑其他辅助治疗措施，如改善饲养条件、适当使用消毒剂等。

这种方法体现了中医草药在治疗疾病方面的应用，尤其是在提高免疫力和支持器官功能方面的作用。然而，在处理细菌感染特别是多重耐药菌感染时，仍然需要密切关注蝌蚪的反应，并根据实际情况调整治疗方案。如果症状持续或加重，应及时寻求专业兽医的帮助。

3.3.4　棘胸蛙蝌蚪出血病的预防措施

① 保持环境卫生：保持饲养环境的清洁，定期清理粪便和其他污物。

② 饲养管理：合理控制饲养密度，避免过度拥挤。

③ 实行生物安全措施：实行严格的生物安全措施，如进出人员和设备的消毒，减少外来病原体的引入。

④ 健康监测：定期检查蝌蚪的健康状况，早期发现问题并及时处理。

3.4　棘胸蛙蝌蚪水霉病

3.4.1　棘胸蛙蝌蚪水霉病的症状

水霉病是由水霉菌（如水霉属）感染引起的一种常见疾病，常见于受伤或免疫力较低的蝌蚪和幼蛙，此病以冬末早春最为流行。以下是水霉病的主要症状[34]。

① 游动和活动迟缓：患病的蝌蚪或蛙会表现出游动缓慢，活动能力减弱，反应迟钝。

② 肉眼可见菌丝：在患病个体的体表可以观察到成团的白色菌丝，这些菌丝呈现棉絮状，长度通常为 2～3 厘米，从伤口或受损皮肤处向外扩散。

③ 觅食困难：感染水霉病的蝌蚪或蛙由于菌丝覆盖体表，会影响其正常觅食能力，导致食欲减退甚至停止摄食。

④ 体重减轻：由于食欲减退和营养不良，患病的蝌蚪或蛙会逐渐消瘦。

⑤ 最终死亡：如果未能得到及时有效的治疗，感染水霉病的蝌蚪或蛙最终会因为营养不良、继发感染或其他并发症而导致死亡。

水霉病的发生通常与蝌蚪或蛙的皮肤损伤有关，如擦伤、咬伤或其他类型的创伤，使水霉菌得以入侵。因此，在养殖过程中，应尽量避免蝌蚪和蛙受到伤害，并保持水质清洁，减少病原菌的存在，以预防水霉病的发生。一旦发现患病个体，应立即采取隔离措施，并在兽医指导下进行治疗。常用的治疗方法包括改善水质、使用抗真菌药物治疗以及保持适宜的水温和 pH 等。

3.4.2　棘胸蛙蝌蚪水霉病的预防措施

水霉病是由水霉菌感染引起的疾病。水霉病的发生通常与蝌蚪或蛙的皮肤损伤有关，如擦伤、咬伤或其他类型的创伤，使水霉菌得以入侵，对棘胸蛙蝌蚪的健康构成威胁。因此，在养殖过程中，应尽量避免蝌蚪和蛙受到伤害，并保持水质清洁，减少病原菌的存在，以预防水霉病的发生。一旦发现患病个体，应立即采取隔离措施，并在兽医指导下进行治疗。以下是几种有效的预防措施[34]。

① 避免损伤：尽量减少蝌蚪或蛙体表受伤的机会，如避免过度拥挤、保持养殖器具的平滑、减少搬运等操作，以防擦伤。

② 水质管理：定期更换养殖池中的水，并保持水质清洁。良好的水质可以减少病原菌的数量，降低感染风险。

③ 消毒：定期对养殖环境进行消毒，特别是发现有水霉感染迹象时。使用适当的消毒剂，如漂白粉或其他认可的消毒剂，按照推荐浓度进行消毒。

④ 谨慎用药：发现水霉感染时，应谨慎使用抗生素类药物，因为这类药物对水霉菌无效，并可能破坏蝌蚪的正常微生物平衡。

3.4.3　棘胸蛙蝌蚪水霉病的治疗措施

以下是几种有效的治疗措施[34]。

① 聚维酮碘药浴：使用 1.0～2.0 毫克/升的聚维酮碘溶液进行药浴，持续时间为 48～72 小时。聚维酮碘具有广谱抗菌作用，对水霉菌也有一定的抑制作用。

② 高锰酸钾溶液药浴：使用 1.5～2.0 毫克/升的高锰酸钾溶液进行药浴，

每次持续时间为 12～18 小时，隔天一次，连续使用 2 次。高锰酸钾具有消毒杀菌的作用，可用于控制水霉菌的生长。

③ 食盐与小苏打混合溶液药浴：使用 0.4%的食盐和 0.4%的小苏打混合溶液进行药浴，持续时间为 36～48 小时。食盐和小苏打的混合溶液有助于改善水质，并具有一定的杀菌作用。

3.5　棘胸蛙蝌蚪鳃霉病

3.5.1　棘胸蛙蝌蚪鳃霉病的症状

鳃霉病是由特定的鳃霉菌（如血鳃霉或穿移鳃霉）感染引起的疾病，主要影响蝌蚪的鳃部。这种疾病在水质污染严重、有机质含量高的养殖环境中特别容易发生。以下是鳃霉病的主要症状[34]。

① 鳃部颜色变化：患病的蝌蚪或蛙的鳃部颜色变得苍白，有时会出现点状充血或出血。

② 鳃丝病变：鳃丝可能变得溃烂或出现缺损，导致呼吸功能受到影响。

③ 呼吸困难：由于鳃部受损，蝌蚪或蛙可能出现呼吸困难的情况，严重时可能导致窒息死亡。

④ 行为变化：患病个体可能会表现出游动缓慢、活动减少等行为变化，这是因为呼吸困难导致体力下降。

⑤ 食欲减退：由于呼吸困难和身体不适，患病蝌蚪或蛙的食欲可能会减退，甚至停止摄食。

3.5.2　棘胸蛙蝌蚪鳃霉病的预防措施

鳃霉病是由鳃霉菌感染引起的疾病，对棘胸蛙蝌蚪的健康构成威胁。以下是一些有效的预防方法[34]。

① 防止池水污染：确保养殖池水质清洁，避免有机物过多积累。定期清

理池底淤泥和残留饵料，减少污染物。

②生石灰清塘消毒：对于已经受到污染的养殖池，可以使用生石灰进行清塘消毒，以加速有机质的分解，改善水质。

③水质监测：定期检测水质指标（如 pH、氨氮、亚硝酸盐），确保水质适宜，减少疾病发生的风险。

④改善养殖环境：保持养殖环境的整洁，避免过度拥挤，减少蝌蚪之间的相互伤害。

3.5.3 棘胸蛙蝌蚪鳃霉病的治疗措施

以下是一些有效的治疗措施[34]。

①食盐溶液药浴：使用 0.7%～1.0%的食盐溶液进行药浴，持续时间为3～5 天。食盐具有一定的杀菌作用，可以帮助减轻鳃霉菌的感染。

②硫酸铜或螯合铜全池泼洒：使用硫酸铜或螯合铜进行全池泼洒，隔天一次，连续使用 3～5 天。硫酸铜具有杀菌作用，但使用时需注意浓度，以免对蝌蚪造成毒性。

③饲料中添加制霉菌素：在上述处理措施之后，可以在饲料中添加 0.05%～0.10%的制霉菌素，连续投喂 5～7 天。制霉菌素有助于抑制鳃霉菌的生长。

鳃霉病的症状与水霉病有相似之处，但由于鳃霉病主要影响呼吸系统，因此对蝌蚪或蛙的生存威胁更大。在养殖过程中，应注重水质管理，减少有机物的积累，保持水质清洁，以预防鳃霉病。一旦发现患病个体，应及时采取隔离措施，并在专业人士指导下进行治疗。常见的治疗措施包括改善水质、使用抗真菌药物治疗等。

3.6 棘胸蛙蝌蚪火柴头病

棘胸蛙蝌蚪火柴头病，也称为火柴杆病或消瘦病。该病可能是由结肠小袋纤毛虫等寄生虫感染引起的，也可能是水质恶化、饲料不足或营养不均衡等因素导致的，目前病因不明，因此成为一个困扰众多养殖户的问题，影响了棘胸蛙养殖的产量和经济效益。以下是一些关于棘胸蛙蝌蚪火柴头病的症状和防治措施。

3.6.1　棘胸蛙蝌蚪火柴头病的症状

火柴头病的主要症状表现为蝌蚪消瘦，头部较大而身体细小，尾巴可能呈现白色，有时会出现打转或靠边游动的行为，以及频繁地浮出水面，像是缺氧的表现。

3.6.2　棘胸蛙蝌蚪火柴头病的预防措施

3.6.2.1　使用苦楝树叶汁

可以使用苦楝树叶和果实打碎后均匀撒在水池中，每半个月更换一次。这种方法虽然不能完全杜绝疾病发生，但可以降低发病率。

3.6.2.2　及时隔离患病蝌蚪

将患病的蝌蚪与其他健康蝌蚪隔离，以防疾病传播。

3.6.2.3　改善水质

保持水质清洁，定期更换水，减少水体中的有害物质，为蝌蚪提供一个良好的生长环境。

3.6.2.4　加强喂养管理

① 饲料选择：蝌蚪主要以浮游生物为食。使用池塘水而非自来水或纯净水进行饲养，因为池塘水中的微生物更适合蝌蚪食用。

② 防止自残：蝌蚪在高密度环境下可能会分泌毒素，导致部分个体死亡，以减少竞争压力。

③ 植物性饲料：如煮过的菠菜、生菜和莴苣是良好的饲料选择，但要避免过度烹饪，还需去除纤维部分。

④ 适量投喂：初期少量多次地给予饲料，随着蝌蚪的成长逐渐增加投喂量。每次喂食后应清除残留的饲料，并定期更换池水。

3.7　棘胸蛙蝌蚪车轮虫病

车轮虫病是一种常见的寄生虫性疾病，主要影响棘胸蛙的蝌蚪阶段。病原体为车轮虫（Trichodina spp.），这是一种原生动物门纤毛纲的单细胞生物，因其反口面观似车轮而得名。以下是关于车轮虫病的症状表现。

3.7.1　棘胸蛙蝌蚪车轮虫病的症状表现

① 体表和鳃的表面呈现青灰色斑点。

② 尾部发白，这是由于患病蝌蚪分泌的黏液和死亡表皮所形成的。

③ 当车轮虫寄生在鳃上时，会引起呼吸困难，导致蝌蚪浮于水面。

④ 患病蝌蚪会显得食欲减退，行动迟缓，并且容易离群。

⑤ 在严重的情况下，尾部会被腐蚀，发白，鳃丝颜色变淡，黏液增多。

⑥ 如果不加以治疗，最终蝌蚪可能会因呼吸困难而死亡。

3.7.2　棘胸蛙蝌蚪车轮虫病的流行特点

此病以每年的 5 月至 8 月最为流行。通常发生在密度大、发育缓慢的池塘环境中。发病水温一般在 20～25 ℃。

3.7.3　棘胸蛙蝌蚪车轮虫病的防治方法

（1）预防措施

① 放养前消毒：使用聚维酮碘等消毒剂彻底清塘消毒。

② 控制密度：保持合理的放养密度，避免过高密度导致疾病爆发。

③ 水质管理：经常保持水质清新，定期更换水体，以减少寄生虫的繁殖机会。

（2）治疗措施

① 药物治疗：可用 0.5 毫克/升硫酸铜和 0.2 毫克/升硫酸亚铁合剂（总量浓度为 0.7 毫克/升）全池泼洒。

② 物理疗法：对于个别严重的病例，可能需要将患病蝌蚪隔离并在专门的治疗池中进行治疗。

3.7.4　棘胸蛙蝌蚪车轮虫病的注意事项

在使用任何化学药品治疗之前，请务必了解药品的正确使用方法，并遵循产品说明书上的指导，以避免对蝌蚪造成不必要的伤害或环境污染。另外，良好的饲养管理和预防措施是控制车轮虫病的关键。

通过上述措施，可以有效地预防和控制棘胸蛙蝌蚪的车轮虫病，从而保障棘胸蛙养殖的成功率和经济效益。如果疾病已经发生，及时的治疗是非常必要的，同时也要注意环境的改善，以减少疾病复发的可能性。

3.8　棘胸蛙白内障病

3.8.1　棘胸蛙白内障的症状

有研究报道，棘胸蛙白内障病是由布氏柠檬酸杆菌（Citrobacter braakii）导致的[35]。布氏柠檬酸杆菌，也称布氏枸橼酸杆菌，是肠杆菌科柠檬酸杆菌属成员，是一种条件致病菌[36]。

棘胸蛙白内障的症状包括眼球晶体皮质浑浊、眼球凸出以及眼睑呈现灰白色。这些都是白内障在蛙类中的典型症状[36]。根据文献报道[37]，患白内障的棘胸蛙在组织病理学上的观察结果如下。

① 眼球巩膜正常：这意味着眼球的外层（即巩膜）没有出现异常变化，保持正常状态。

② 晶状体病变：晶状体内部发生了显著的变化，包括上皮细胞的消解（即细胞的消失或破坏）、基质（晶状体内的纤维样物质）排列结构的紊乱，以及纤维的断裂、崩解和变形。这些病理改变与哺乳动物白内障的病理表现相似，表明白内障主要是由晶状体内部结构的改变所引起的。

棘胸蛙白内障病可能与其他疾病同时发生。有文献表明患白内障的病蛙还出现运动机能失调的情况，表现为在水面上打转，失去正常的游泳能力和方向感[38]。这种运动机能失调可能是神经系统受损造成的，进一步影响了棘胸蛙的生存能力和觅食能力。此外，文献中还提到白内障病蛙的其他内脏器官也有不同程度的感染，并且这些感染情况比眼部更为严重。这种情况可能会导致多个器官的功能受损，甚至出现器官坏死和衰竭，最终可能导致病蛙的死亡。

这些结果提示表明，虽然白内障最初可能仅限于眼部，但在某些情况下，它可能与其他系统性疾病有关联，从而影响到全身多个器官。对于这种情况，除了治疗眼部疾病，还需要关注整体健康状况，并采取综合措施来治疗受影响的其他器官，以防进一步的损害。这也强调了全面的健康检查和综合治疗的重要性。

3.8.2　棘胸蛙白内障的预防及治疗

关于治疗方面，文献中提到了几种抗菌药物，如诺氟沙星、吡哌酸、四环素和链霉素，它们对布氏柠檬酸杆菌具有抗菌作用。具体方法：饲料中添加 20 毫克/千克的诺氟沙星和 40 毫克/千克的保肝药物肝肾康，连用 5 天。同时用 0.5 毫克/升的二氧化氯对水体进行消毒[36]。

然而，在实际应用中，使用这些药物治疗棘胸蛙白内障需要谨慎，并且应该由专业的兽医来指导进行。以下是一些需要注意的事项。

① 诊断确认：首先需要确诊是否真的是细菌感染导致的眼部问题，还是单纯性白内障或其他原因。

② 药物使用：如果确定是细菌感染引起的，则需要按照专业人员的建议使用合适的抗生素。抗生素的选择应基于敏感性测试结果。

③ 给药途径：抗生素可以通过口服、注射或局部用药的方式给予。在棘

胸蛙的情况下，局部用药（如眼药水）可能是更合适的方法。

④ 环境改善：确保棘胸蛙的生活环境干净卫生，减少细菌感染的机会。

⑤ 兽医咨询：在治疗过程中，最好持续与兽医保持联系，根据病情调整治疗方案。

同时需特别注意的是，抗生素只能针对细菌感染有效，如果是非感染性因素导致的白内障，则可能需要其他的治疗方法。此外，抗生素滥用可能导致抗药性的产生，因此不应自行使用这些药物治疗。

3.9　棘胸蛙红腿病

3.9.1　棘胸蛙红腿病症状

棘胸蛙红腿病，又名棘胸蛙败血症，是一种常见的疾病，主要影响幼蛙和成蛙，特别是在集约化养殖环境中，尤其是在养殖密度大、水质恶化的养殖池中更易发生。此外，蛙体受伤、天气突变（尤其是由热转冷时）也会增加发病风险[33]。棘胸蛙红腿病可能是由多种病原体引起的，如细菌感染。

3.9.1.1　主要症状

棘胸蛙红腿病是一种严重影响棘胸蛙健康的常见疾病，主要症状如下[32]。

① 行动迟缓：患病的棘胸蛙会表现出活动减少，动作缓慢。

② 精神不振：病蛙显得无精打采，缺乏活力。

③ 不摄食：食欲减退或完全停止进食。

④ 四肢腹面及下腹部充血发红：这是红腿病最典型的外部症状之一，表现为四肢尤其是腹部侧面和下腹部皮肤的红色充血。

⑤ 腿部肌肉明显充血：当病情加重时，腿部肌肉也会出现明显的充血现象。

⑥ 头部伏地：病蛙的头部常贴在地面，无法正常抬头。

⑦ 后肢无力颤抖：后肢表现出无力和颤抖，无法正常支撑身体，导致行

走困难。

⑧ 头部伏地：病蛙的头部常贴在地面，无法正常抬头。

3.9.1.2 其他症状

同时，还有其他文献报道棘胸蛙红腿病的其他症状[39]。

① 皮下积水：患病棘胸蛙的皮下组织可能会出现异常积液，导致皮肤膨胀或松软。

② 全身红斑：棘胸蛙体表出现红色斑点或斑块，这可能是由于血管扩张或破裂造成的出血现象。

③ 个体行为改变：病蛙表现得呆滞，活动减少，反应迟钝，食欲减退或丧失。

④ 快速传播：该病具有很强的传染性，可在短时间内影响到整个群体。

⑤ 高死亡率：由于疾病的严重性和进展速度，感染此病的棘胸蛙死亡率非常高。

另外，有文献提到，在发病初期，棘胸蛙的后肢趾尖会出现红肿，并伴有出血点，这一症状很快就会蔓延至整个后肢。此外，病蛙的口部和肛门会有带血的黏液排出[40]。

以上这些症状表明，红腿病可能由多种因素引起，包括但不限于细菌感染、真菌感染或寄生虫感染，以及不良的饲养环境条件，如水质不佳、饲养密度过高、营养不良等。

正常棘胸蛙和患红腿病的棘胸蛙如图 3-2 所示。

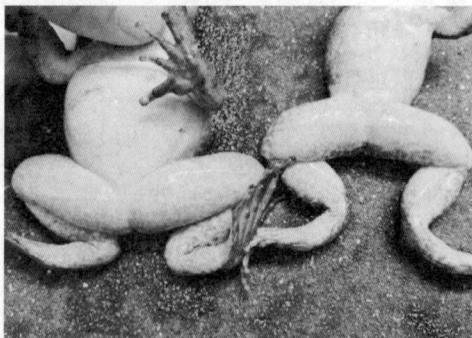

图 3-2　正常棘胸蛙（左）和红腿病棘胸蛙（右）

3.9.2　棘胸蛙红腿病的病因

棘胸蛙红腿病通常由细菌感染引起，常见的病原菌包括假单胞菌（Pseudomonas）、气单胞菌（Aeromonas）等。已有文献报道，棘胸蛙红腿病是由嗜水气单胞菌（Aeromonas hydrop）[32]和乙酸钙不动杆菌[40]导致的。其中，嗜水气单胞菌是弧菌科气单胞菌属，为革兰氏阴性短杆菌，而乙酸钙不动杆菌为革兰氏阴性细菌，呈短粗杆至球杆。

以下是可能导致红腿病的一些因素。

① 水质问题：水质污染、氨氮和亚硝酸盐超标等，导致病原菌易于滋生。

② 机械损伤：棘胸蛙在捕捞、运输或放养过程中受到机械损伤，使细菌易于侵入。

③ 应激反应：温度突变、过度拥挤等应激因素可能导致棘胸蛙免疫力下降，易于感染。

④ 营养不良：长期营养不良或饲料单一，导致棘胸蛙免疫力下降。

3.9.3　棘胸蛙红腿病的治疗

据文献报道，棘胸蛙红腿病病原菌对庆大霉素及杀毒先锋、醛毒杀、肠炎康、安福吉高度敏感[31]。其中庆大霉素是一种广谱抗生素，对许多革兰氏阴性和阳性细菌都有较好的抗菌效果，与杀毒先锋联合使用，可以增强杀菌效果。杀毒先锋即二氯异氰脲酸钠粉，是一种氧化性杀菌剂，以其广谱、高效和安全性著称，广泛用于饮用水消毒、预防性消毒及各种场所的环境消毒。这种消毒剂能够强力杀灭各种致病性微生物，包括病毒、细菌芽孢、细菌繁殖体和真菌等，这对于控制和预防棘胸蛙红腿病以及其他由微生物引起的疾病非常重要。醛毒杀主要成分是戊二醛，是一种醛类消毒剂，通过烷基化反应使菌体蛋白变性从而使酶和核酸等的功能发生改变。肠炎康是一种用于治疗肠道炎症的药物，对革兰氏阳性菌有效。安福吉可能是另一种用于治疗细菌感染的药物。在使用这些消毒剂或药物时，请严格按照产品说明书或兽医的建议来使用，以确保不会因过量使用而导致副作用。同时，仍需注意使用时使用者的防护措施，避免直接接触皮肤和吸入。另外，尽量减少对环境的影响，确保使用的消毒剂不会对水体生态系统造成长期危害。

棘胸蛙红腿病的治疗方法包括了环境管理和药物治疗两个方面。以下是具体的治疗方法[33]。

3.9.3.1　环境管理

① 定期进行消毒：保持饲养环境的清洁，定期使用适当的消毒剂进行消毒。

② 改善水质：使用流动的清水进行养殖，保持水质清新，减少有害物质的积累。

3.9.3.2　药物治疗

任选其一即可。在进行肌肉注射或其他治疗时，确保操作规范，避免二次感染。严格按照推荐剂量使用药物，避免过量或不足。在治疗过程中，密切监控棘胸蛙的反应和病情变化，及时调整治疗方案。治疗前最好进行病原体分离和药敏测试，以确定最有效的药物。

以下是具体的治疗方法[33]。

（1）肌肉注射硫酸庆大霉素

对每只病蛙肌肉注射 1 万～2 万国际单位的硫酸庆大霉素。每天注射一次，连续两天。

（2）磺胺脒溶液浸泡

使用 10%的磺胺脒溶液浸泡病蛙 24 小时。

（3）盐水浸泡

用 5%的盐水浸泡病蛙 10 分钟，可以抑制病情的发展。

（4）链霉素溶液浸泡

在 1 升水中加入 10 万国际单位的链霉素制成药液。浸泡病蛙 10 分钟，每天一次，连续 3 天。对于 2 万只蝌蚪，可以使用 100 万国际单位的链霉素溶液浸泡 30～60 分钟[39]。注意不要用青霉素，蛙类红腿病病原菌可能对青霉素有抗性，最好在治疗前测试病原菌耐药性。

（5）硫酸铜溶液全池泼洒

用 0.01% 的硫酸铜溶液全池泼洒，也有一定的疗效。

（6）环境消毒、药物泼洒与口服治疗相结合[31]

① 将杀毒先锋和庆大霉素按照推荐比例配制药液，对整个池塘进行均匀泼洒，确保所有区域都能被覆盖，每天进行一次，连续使用几天，直到症状得到缓解。

② 将肠炎康、止血散和保肝宁按照推荐的比例混合，将混合好的药物均匀拌入饵料中，每天投喂两次，连续喂食几天，直至症状消失。其中肠炎康是用于治疗肠道炎症的药物，止血散是一种用于止血和促进伤口愈合的药物，主治消化性溃疡出血，保肝宁是一种用于保护肝脏、促进肝功能恢复的药物。

3.9.3.3　特异性卵黄抗体治疗

在治疗嗜水气单胞菌病时，采用水稀释法结合硫酸铵沉淀法提纯卵黄抗体，并进行了棘胸蛙红腿病的预防和治疗试验。研究结果表明，经过纯化的卵黄抗体达到了保护所需的效价水平。特异性卵黄抗体在预防和治疗嗜水气单胞菌病方面均显示出了良好的效果[41]。

3.9.4　棘胸蛙红腿病治疗期间的注意事项

① 巩固疗效：红腿病具有较高的复发率，因此即使临床症状消失后，仍应继续用药一段时间，以防病情反复。

② 隔离治疗：将患病的棘胸蛙隔离，避免传染给其他健康的棘胸蛙。

③ 综合管理：除了药物治疗，还应注意改善饲养环境，包括水质管理和消毒措施。

④ 营养支持：提供富含营养的食物，增强棘胸蛙的抵抗力。在治疗期间，可以尝试提供易于消化吸收的食物。

⑤ 药物配伍：确保所使用的药物之间没有相互作用，不会降低治疗效果或产生不良反应。

⑥ 观察反应：在治疗过程中，密切观察棘胸蛙的反应，如有异常情况应及时调整治疗方案。

⑦ 兽医咨询：如果症状持续或者病情恶化，建议及时联系专业的兽医进行进一步的诊断和治疗。

通过综合管理和适当的药物治疗，可以有效地控制和治疗棘胸蛙红腿病。重要的是在整个治疗过程中保持耐心，并确保采取的所有措施都是科学合理的。

3.9.5 棘胸蛙红腿病的预防措施

棘胸蛙红腿病在季节交替和多雨后容易高发，当蛙体受伤，天气突变，尤其从热到冷的天气变化时节，棘胸蛙红腿病常常高发，建议在 4 月和 5 月进行重点防治。另外，养殖密度大，水质恶化，也容易导致棘胸蛙红腿病。冬眠后水温 20 ℃时，棘胸蛙红腿病最为常见。为了预防红腿病的发生，应采取以下措施[39]。

① 定期消毒：即便没有发现明显的症状，也应该定期使用杀毒先锋进行环境消毒，以预防疾病的发生。或者在疾病高发季节，每隔 10～15 天使用如百炎清、菌毒立克、鱼康灵、泡腾氯或溴氯海因粉等药物对水体进行消毒。

② 良好的饲养管理：保持饲养环境清洁卫生，避免过度拥挤。

③ 定期检查：定期检查棘胸蛙的健康状况，早发现、早治疗。

④ 合理的饲养密度：避免过度密集的饲养，减少疾病传播的风险。

⑤ 加强营养：提供均衡的营养，增强棘胸蛙的免疫系统。

⑥ 增强免疫力：定期投喂添加了多效三黄或保肝安等保肝药物及免疫佳加泼洒型高效维生素 C 的饲料，以提高蝌蚪的抗病能力。

⑦ 调整水质：在夏末秋初，当气温开始由高转低时，适当加注池水，以减少昼夜温差的影响。此阶段应减少换水量，尽量避免频繁换水。

⑧ 稳定饲养条件：及时清理残留的饵料，发现病死的棘胸蛙应立即捞出并妥善处理，如深埋。

3.10 棘胸蛙胀肚病

3.10.1 棘胸蛙胀肚病的症状

棘胸蛙胀肚病是一种常见疾病，其主要症状如下[32]。

① 头部低垂：病蛙的头部向下低垂，表现为无力或虚弱。

② 肚子膨胀如球：腹部显著膨胀，触摸时有明显的胀气感。

③ 胃内充满气泡和粘液：胃部充满气体和黏液，导致腹部异常膨胀。

④ 肠壁变薄并呈黄色：肠壁变得非常薄，颜色变为黄色，这可能是由于消化道出现问题或感染导致的。

3.10.2 棘胸蛙胀肚病的可能致病因素

棘胸蛙胀肚病可能由以下多种因素引起。

① 消化不良：食物不易消化或摄入了不适合的食物。

② 肠道感染：细菌、真菌或寄生虫感染。

③ 水质问题：水质不佳，如溶解氧不足、氨氮过高或有害物质积累。

④ 应激因素：环境变化、饲养密度高、过度拥挤等。

3.11 棘胸蛙浮肿病

棘胸蛙浮肿病是一种较为严重的疾病，通常由细菌感染引起，常见的病原菌包括但不限于：假单胞菌属、气单胞菌属、弧菌属、鲍曼不动杆菌。棘胸蛙浮肿病其症状和病理表现如下[32]。

3.11.1 棘胸蛙浮肿病的症状

3.11.1.1 外部症状表现

① 外观肥胖：病蛙看起来比正常情况下更加肥胖，体型膨胀。

② 手压水肿感：用手轻压病蛙的身体，会感觉到明显的水肿。

③ 腹部及四肢内侧充血：腹部和四肢内侧皮肤出现充血现象，表现为红色或紫红色。

3.11.1.2 内脏解剖特征

① 肝呈青色：肝脏颜色变为青色或暗绿色，表明可能存在肝脏损伤或病变。

② 腹腔有腹水：腹腔内积聚大量液体，即腹水。

③ 并发症状：此病常与"胀肚病"并发，即病蛙可能出现胃肠道积气、肠壁变薄等症状。

3.11.2 棘胸蛙浮肿病的治疗方法[33]

棘胸蛙浮肿病的治疗方法通常需要结合环境管理和药物治疗。以下为具体的治疗方法。

3.11.2.1 青霉素加食盐水浸泡

① 药物准备：按照推荐剂量将青霉素（如青霉素 G 钠盐）溶解在适量的食盐水中。严格按照推荐剂量使用药物，避免过量使用导致副作用。同时确保所使用的药物之间没有相互作用，不会降低治疗效果或产生不良反应。

② 浸泡方法：将患病的棘胸蛙浸泡在配制好的青霉素加食盐水溶液中，每次浸泡 1 小时，确保全身浸泡。在治疗过程中，应密切观察棘胸蛙的反应，如有不适或症状加重，应立即调整方案。

③ 治疗周期：连续进行 7 天，每天一次。

3.11.2.2　高锰酸钾全池泼洒

① 药物准备：每立方米水体使用 20 克高锰酸钾，根据水体体积计算所需高锰酸钾的量。严格按照推荐剂量使用药物，避免过量使用导致副作用。同时确保所使用的药物之间没有相互作用，不会降低效果或产生不良反应。

② 泼洒方法：将高锰酸钾溶解后均匀泼洒在整个池塘中，确保全池覆盖。

③ 治疗目的：控制疾病蔓延，减少环境中的病原菌。

3.12　棘胸蛙腐皮病

3.12.1　棘胸蛙腐皮病的症状

棘胸蛙腐皮病也叫烂皮病，分为棘胸蛙营养性腐皮病和棘胸蛙细菌性腐皮病，是一种严重的疾病，会对棘胸蛙的健康造成严重影响，如果不及时治疗，可能导致病蛙死亡。棘胸蛙腐皮病有的是缺乏维生素引起的，有的是致病菌导致的。可以导致棘胸蛙腐皮病的致病菌较多，已报道的有荧光假单胞菌、蜂房哈夫尼菌、蜡样芽孢杆菌[42]、奇异变形杆菌[43]、嗜水气单胞菌[44]、摩氏摩根菌、布氏柠檬酸杆菌、败血伊丽莎白菌[45]、铜绿假单胞菌[46]等。以下是棘胸蛙腐皮病的症状表现[33]。

① 头部出现花纹状的白斑：患病初期，头部会出现类似花纹的白色斑块。

② 表皮脱落：随着病情发展，白斑部位的表皮开始脱落。

③ 头部和吻端皮肤溃烂：头部和吻端的皮肤逐渐溃烂[47]。

④ 溃烂蔓延：如果不及时治疗，溃烂会迅速蔓延至全身。

⑤ 溃疡和暴露肌肉骨骼：溃烂部位进一步恶化，形成溃疡，露出肌肉和骨骼。一般 3~4 天可见白色内皮，约 7 天可见红色肌肉，约 10 天池中大部分棘胸蛙染病，且死亡率高[20]。

⑥ 食欲丧失：病蛙不吃不动，表现出严重的虚弱状态。

⑦ 最终死亡：最终因受病菌毒素严重侵害而中毒死亡。

⑧ 剖检病变：剖检病蛙可见腹部积水、内脏充血肿大等病变。

⑨ 视力丧失：伴有视力逐步丧失，病蛙呆滞于池角阴暗处[33]。

患烂皮病的棘胸蛙如图 3-3 和图 3-4 所示。

图 3-3　棘胸蛙烂皮病（一）　　　　图 3-4　棘胸蛙烂皮病（二）

3.12.2　棘胸蛙腐皮病的治疗方法

3.12.2.1　棘胸蛙营养性腐皮病的治疗方法[33]

（1）营养支持

① 维生素补充：经常在饲料中拌入维生素 A、维生素 B、维生素 C 和维生素 D，以增强棘胸蛙的免疫力和预防疾病[33]。

② 鱼肝油：在患病初期，可以在饲料中添加适量鱼肝油，以补充必需脂肪酸和维生素，促进皮肤健康。

（2）药物治疗

① 抗生素：在病情较重时，可以在饲料中添加抗生素，如青霉素、四环素，以抑菌消炎。

② 全池泼洒漂白粉：在病情严重时，可以使用漂白粉进行全池泼洒，以

控制病原菌的蔓延。具体用量为每立方米水体使用漂白粉（有效氯含量为2%～3%）2～3 克，均匀撒入水中。

③局部治疗：使用猪牛肝切条，沾上磺胺消炎药粉进行填喂，直接喂给病蛙，连喂 4～5 天可治愈。定期检查棘胸蛙的健康状况，早期发现问题并及时处理[33]。

3.12.2.2　棘胸蛙细菌性腐皮病的治疗方法[33]

（1）环境消毒

①生石灰和漂白粉消毒：按照推荐比例配制消毒液，使用生石灰或漂白粉对食台和棘胸蛙聚集的地方进行消毒。

②全池泼洒：使用 2～3 毫克/升的蛙消安或 3 毫克/升的高锰酸钾和冰醋酸合剂进行全池泼洒，连续进行 2 次。蛙消安是一种消毒剂，以预防和治疗蛙类的常见疾病。

（2）局部治疗

①高锰酸钾浸洗：先用 0.01%的高锰酸钾药液浸洗病蛙。

②高锰酸钾加冰醋酸合剂浸洗：3 毫克/升高锰酸钾加冰醋酸合剂浸洗病蛙，连续两次有效。

③食盐溶液浸泡：将患病的棘胸蛙放入 2%～5%浓度的食盐水溶液中浸泡 10～15 分钟，每天一次，持续 2～3 天。

④局部涂抹：用药棉蘸取高锰酸钾药液涂抹于患部，随后涂上金霉素软膏，每天 2 次，连续 3 天。对于病情较为严重的棘胸蛙，应在较小的池塘中进行隔离单独饲养。首先用 0.01%浓度的高锰酸钾溶液清洗患处，然后用药棉涂抹患部，并涂上金霉素软膏，每天 2 次，连续 7 天，以消除病灶部位的细菌并促进新组织生长。根据文献报道，按照上述方法治疗后，病蛙的吻端的溃烂面积逐渐缩小，并有新的白色肌肉生长出来。大约一周后，溃烂部位基本愈合，棘胸蛙的活动能力和进食量也得到了显著恢复[47]。

（3）注射治疗

① 抗生素注射：使用卡那霉素、庆大霉素或链霉素中的任何一种对病蛙进行肌肉注射，具体用量如下。卡那霉素：每千克蛙体重 4 万～5 万国际单位。庆大霉素：每千克蛙体重 1 万～2 万国际单位。链霉素：每千克蛙体重 5 万～10 万国际单位。

② 抗生素浸浴：将 300 万国际单位的卡那霉素、20 万国际单位的庆大霉素和 400 万国际单位的链霉素溶于 1 立方米水中，对病蛙进行浸浴 30 分钟。严格按照推荐剂量使用药物，避免过量使用导致副作用。对于嗜水气单胞菌引起的烂皮病，根据文献可配制 25% 的葡萄糖生理盐水（即在 100 毫升蒸馏水中加入 0.1 克食盐和 25 克葡萄糖），然后在每 100 毫克生理盐水中添加 40×10^4 国际单位的庆大霉素、诺氟沙星或链霉素，每只病蛙浸泡 5 分钟左右，每日浸泡一次[44]。除了药物治疗外，定期对饲养环境进行消毒，保持环境清洁。在治疗过程中，应密切观察棘胸蛙的反应，如有不适或症状加重，应立即调整方案。

（4）口服治疗

对于由铜绿假单胞菌引起的烂皮病，可根据药敏试验结果，按每千克饵料加入 100 毫克氟苯尼考，将氟苯尼考与饵料混合均匀后投喂，连续喂食 7 天。按每千克饵料加入 100 毫克维生素 C，连续喂食 7 天[46]。

文献表明，对于由蜡样芽孢杆菌引起的烂皮病，应注意氨苄西林和头孢他啶是否产生抗药性。虽然蜡样芽孢杆菌对庆大霉素表现出高度敏感性，但庆大霉素的效果不具备长期稳定性，在使用 48 小时后其抑菌作用明显减弱。因此，在防治棘胸蛙烂皮病时，可以首先使用庆大霉素，在 24 小时后，再配合使用链霉素。需要注意的是，在治疗过程中应避免单一药物的重复使用[42]。

对于由奇异变形杆菌引起的烂皮病，选择对奇异变形杆菌敏感的抗生素进行治疗，如头孢曲松、阿莫西林、链霉素。对于严重病例，可以考虑肌肉注射敏感的抗生素[43]。

（5）中草药植物提取物治疗

根据文献，对于由奇异变形杆菌引起的烂皮病，中草药植物提取物的治疗中，最有效的是忍冬藤。次之的是紫花地丁、金银花与甘草、鱼腥草、大青叶与柴胡、陈皮、黄连。但是无效的是黄芪、茵陈。因此，可以将忍冬藤提取物混入饵料中或制成溶液进行浸泡，同时紫花地丁、金银花与甘草、鱼腥草、大青叶与柴胡、陈皮、黄连等也可以作为辅助治疗使用[43]。

另外，各养殖场之间也流传着一种用于防治棘胸蛙皮肤病的中药制剂，其草药成分及比例如下：苦参 2 份、芙蓉花 1 份、黄柏 2 份、灯芯草 1 份、蒲公英 1 份、野菊花 1 份、金银花 1 份、水杨梅 2 份、鱼腥草 1 份、丹皮 1 份、车前草 2 份和桃树皮 0.5 份。具体制备方法和步骤如下。

首先，将指定重量的苦参、芙蓉花和黄柏加水煎煮，水量需覆盖药材，煮沸后继续小火煎煮 20 分钟，然后将药汁滤出备用。接着，将剩余的其他多种草药全部加水煎煮，水量同样需覆盖药材，并加入第一步得到的药汁，煮沸后继续小火煎煮 30 分钟，最后将药汁滤出并冷却后即可使用。

已有研究表明，在整个养殖过程中，可以使用中草药组合来预防蝌蚪和成蛙的病害。具体配方如下：五倍子 20～50 克，鱼腥草 20～38 克，穿心莲 20～35 克，蒲公英 20～50 克，大青叶 20～50 克，大黄 20～30 克。将上述中草药制成药包，浸泡在养殖池中，以预防疾病的发生。每隔 20 天更换一次药包，以保持药效。这种方法利用天然中草药的抗菌和抗病毒特性，可以在不使用化学药物的情况下，有效预防和控制蝌蚪及成蛙的病害，从而提高养殖的成功率和经济效益[48]。

现在越来越多的养殖场意识到要使用中草药进行棘胸蛙疾病的治疗或预防。因为使用抗生素治疗蛙类疾病可能会导致水体和土壤的二次污染，增加耐药性病原体的传播风险，并可能导致蛙肉中抗生素残留超标，不符合食品安全标准。相比之下，中草药具有安全性高、环境污染小、副作用少的优点，适用于蛙类疾病的治疗。文献报道，金银花叶的提取物可用于治疗棘胸蛙的烂皮病，一方面有助于推动棘胸蛙人工养殖业的健康发展，另一方面提供更加安全的食品来源[49]。

3.12.3　棘胸蛙腐皮病的预防

3.12.3.1　环境控制

① 水温管理：保持养殖水温在较为适宜的范围内，避免夏季高温对棘胸蛙的影响。在高温季节可以使用全天淋水的方式来降低水温。当水温上升至26～27 ℃时，棘胸蛙就开始容易患上溃烂病。然而，在高温季节里，那些采用全天淋水降温措施的养殖场几乎不会出现这种疾病[46]。

② 温度稳定：尽量保持水温稳定，避免剧烈变化，因为稳定的环境有助于减少疾病的发生。

3.12.3.2　卫生管理

① 定期清洁养殖池，移除残饵和排泄物，减少病原菌的滋生。对养殖池进行定期消毒处理，可以使用安全有效的消毒剂来消灭潜在的病原体。

② 严禁外来人员进入养殖区域，并确保所有工具在使用前后都进行消毒，以此来防止病原体的入侵。同时，蛙池应定期使用戊二醛、稳定型戊二醛或季铵盐络合碘等消毒剂进行消毒[40]。

3.12.3.3　饮食管理

提供多样化的饲料，如蚯蚓、黄粉虫、蝇蛆，以保证棘胸蛙获得全面均衡的营养。合理的饮食有助于增强棘胸蛙的免疫力，从而提高它们对疾病的抵抗能力。

3.12.3.4　降低养殖密度

尽可能降低养殖密度，因为如果棘胸蛙的养殖密度大，棘胸蛙之间会发生咬斗，易导致腐皮病的发生。

3.12.3.5　日常观察

定期检查棘胸蛙的状态，早期发现并隔离患病个体，防止疾病扩散。

3.13　棘胸蛙细菌性肠胃炎

棘胸蛙细菌性肠胃炎是一种严重的疾病，会导致棘胸蛙出现一系列症状，并最终可能导致死亡。以下是棘胸蛙细菌性肠胃炎的症状表现、病理特征及治疗方法[33]。

3.13.1　棘胸蛙细菌性肠胃炎的症状表现

3.13.1.1　神经系统症状（初期症状）

① 跳动不安：发病初期，棘胸蛙会表现出跳动不安的行为。

② 喜钻泥或草丛角落：病蛙倾向于躲藏在泥或草丛的角落里。

③ 少摄食、少活动：食欲减退，活动减少。

3.13.1.2　消化系统症状（中期症状）

① 胃肠黏膜炎症：毒素直接毒害胃肠黏膜，导致炎症。

② 瘫软乏力：病情加重时，病蛙瘫软无力，静卧在池边浅滩，对外界刺激无反应。

③ 腹部膨胀：由于消化不良，食物过度发酵，肠内产生大量气体，导致腹部膨胀。

3.13.1.3　身体状况恶化（后期症状）

① 日渐消瘦：随着病情进展，病蛙逐渐消瘦。

② 心力衰竭：最终因心力衰竭而死亡。

3.13.2 棘胸蛙细菌性肠胃炎的病理特征

剖检病蛙后发现患病棘胸蛙具有如下病理特征[33]。

① 肛门红肿：肛门周围出现红肿。

② 肠道充血、发炎：肠道内充血、发炎。

③ 腹水：腹腔内有积液。

3.13.3 棘胸蛙细菌性肠胃炎的病因[33]

棘胸蛙细菌性肠胃炎的病因如下。

① 水质污染：水质受到污染，如氨氮、亚硝酸盐等超标，导致病原菌滋生。

② 不洁饲料：摄入变质或不洁的饲料，其中含有大量病菌。

③ 病菌感染：病原菌进入棘胸蛙的胃肠后大量繁殖，并产生毒素。

④ 毒素影响：毒素进入血液后，干扰神经中枢的活动，导致一系列症状。

3.13.4 棘胸蛙细菌性肠胃炎的治疗方法

棘胸蛙细菌性肠胃炎是一种需要综合治疗的疾病，包括内服药物、局部治疗和环境管理。以下是具体的治疗方法。

3.13.4.1 内服药物[33]

（1）磺胺类药物

磺胺狐：每千克饲料拌入 1~2 克磺胺狐。每天一次，连续喂食 5 天。采用填食法，确保病蛙能够摄取药物。

（2）酵母片

用法：每千克饲料拌入 1~2 克酵母片。每天一次，连续喂食 5 天。

3.13.4.2 局部治疗

对于病情较重的个体，可以采用链霉素肌肉注射的方法：

（1）剂量：每只蛙注射 1 万～2 万国际单位链霉素。

（2）用法：每天一次，连续注射 2 次。

3.13.4.3　环境管理

（1）更换池水

及时更换池水，以保持水质清洁、新鲜，减少病原菌的滋生。

（2）消毒

① 生石灰：使用生石灰对池塘进行消毒。

② 漂白粉溶液：使用漂白粉溶液全池泼洒。

根据池塘大小和水体体积确定用量，一般为每立方米水体使用适量的生石灰或漂白粉。

3.13.5　棘胸蛙囊虫病的综合的防治措施

3.13.5.1　定期换水，保持水质清新

① 定期换水：定期更换养殖池中的水，保持水质清洁，减少病原体的滋生。

② 水质监测：定期监测水质参数，如氨氮、亚硝酸盐、pH，确保水质适宜棘胸蛙生长。

3.13.5.2　注意食台卫生

① 及时清洗：每天喂食后及时冲洗食台，清除残留的饲料，避免残留物腐败变质。

② 定期消毒：定期使用漂白粉或其他消毒剂对食台进行消毒，减少病原体的滋生。

3.13.5.3　不投喂腐烂变质的饲料

饲料选择：确保饲料新鲜，不使用腐烂变质的饲料，以避免细菌和寄生

虫的感染。

3.13.5.4 坚持"四定"投喂原则[33]

① 定时：每天固定时间投喂，确保棘胸蛙养成规律的进食习惯。

② 定点：在固定的地点投放饲料，便于棘胸蛙寻找食物。

③ 定量：根据棘胸蛙的生长情况和数量，合理定量投喂，避免过量投喂导致水质恶化。

④ 定质：提供营养均衡的饲料，确保饲料的质量符合棘胸蛙的生长需求。

3.13.5.5 发病季节的预防措施

① 投喂健胃、抗菌的中草药。

② 添加中草药：在发病季节，可以在饲料中添加具有健胃、抗菌作用的中草药，如穿心莲[33]。

3.14 棘胸蛙囊肿病

3.14.1 棘胸蛙囊肿病的症状表现和病因分析

棘胸蛙囊肿病，也称为囊虫病，是由寄生虫引起的囊肿病是一种对棘胸蛙健康构成威胁的疾病，其主要症状表现为病灶处的感染和炎症，并最终形成囊肿。以下是该病的具体症状表现和可能的病因分析[33]。

3.14.1.1 症状表现

① 病蛙的某个部位出现感染和炎症反应。

② 感染部位逐渐形成一个类似于大豆大小的肿瘤（囊肿）[33]。

③ 如果不及时治疗，囊肿可能会进一步发展，导致病蛙因健康状况恶化而死亡。

3.14.1.2　病因分析

寄生虫引起的囊肿病可能是由多种寄生虫导致的，常见的寄生虫包括但不限于线虫（如胃虫）、吸虫（如扁形吸虫）、绦虫、原生动物（如阿米巴）。这些寄生虫会在棘胸蛙体内形成囊肿，影响其正常生理功能，进而导致健康问题。

3.14.2　棘胸蛙囊肿病的治疗方法

针对寄生虫引起的囊肿病，治疗方法如下[33]。

3.14.2.1　药物治疗

① 驱虫药物：使用适合棘胸蛙的驱虫药物。常用的驱虫药物包括左旋咪唑、伊维菌素等。每千克饲料添加适量药物，连续使用几天。

② 局部处理：对于已经形成的囊肿，可以考虑局部处理。使用消毒剂（如碘伏）消毒囊肿部位，并根据情况决定是否需要手术切除。

③ 抗生素：如果囊肿伴有细菌感染，可以使用抗生素进行治疗，如庆大霉素、链霉素等，根据具体情况选择合适的剂量和给药方式。

3.14.2.2　溶液浸泡

① 硫酸铜溶液浸泡：按照每升水加入 3 毫克硫酸铜的比例配制成 3 毫克/升硫酸铜溶液。将患病的棘胸蛙放入配制好的硫酸铜溶液中浸泡，每次 10 分钟，连续 2~3 大[33]。

② 高锰酸钾溶液浸洗：按照每升水加入 5 毫克高锰酸钾的比例配制成 5 毫克/升高锰酸钾溶液。将患病的棘胸蛙放入配制好的高锰酸钾溶液中浸洗 5 分钟，每天 1 次，连续 2~3 天[33]。

药浴前，需准备足够大的容器，确保病蛙能够自由移动。在药浴过程中，密切观察棘胸蛙的状态，确保其能够承受药浴。如发现棘胸蛙出现异常反应

（如剧烈挣扎、呼吸急促），应立即停止药浴并将棘胸蛙移出溶液。药浴后将棘胸蛙放回干净的水体中，确保水质清洁。密切观察棘胸蛙的后续状态，如有需要，可进行多次药浴治疗。

3.14.2.3　环境管理

①改善水质：保持水质清洁，定期更换水质，确保水质适宜。

②消毒：使用生石灰或漂白粉对池塘进行消毒，以减少寄生虫的传播。

③控制饲养密度：避免过度拥挤，减少应激因素。

3.14.2.4　综合措施

①营养支持：提供高质量的饵料，增强棘胸蛙的免疫力。

②隔离治疗：将患病的棘胸蛙隔离，防止疾病在群体中传播。

3.15　棘胸蛙脱肛病

3.15.1　棘胸蛙脱肛病的症状表现

棘胸蛙脱肛病是一种常见的疾病，其主要症状和病理表现如下[33]。

3.15.1.1　症状表现

①直肠脱出：病蛙的直肠部分或全部脱出于泄殖腔（肛门外），形成明显的肿块或突起。

②食欲减退：病蛙食欲下降，进食量减少。

③行动不便：由于直肠脱出，病蛙行动不便，活动减少。

④体质消瘦：长期食欲减退导致体质逐渐消瘦。

⑤腹部膨胀：腹部因积存食物和气体而膨胀。

3.15.1.2　病理特征

①直肠脱出：直肠黏膜及其相关组织从肛门处突出。

② 炎症反应：脱出的直肠部位可能出现炎症反应，红肿、疼痛。

③ 感染风险：脱出部位容易受到外界污染，增加感染的风险。

3.15.2　棘胸蛙脱肛病的治疗方法

棘胸蛙脱肛病是一种需要及时处理的疾病。治疗棘胸蛙脱肛病需要综合考虑环境管理和药物治疗[33]。

3.15.2.1　环境管理

① 改善水质：保持水质清洁，定期更换水质。

② 控制饲养密度：避免过度拥挤，减少应激因素。

③ 消毒：使用生石灰或漂白粉对饲养环境进行消毒，减少病原菌的传播。

3.15.2.2　药物治疗

（1）局部处理

① 清洁脱出部位：使用生理盐水或消毒剂（如碘伏）清洁脱出的直肠部位。

② 局部消炎：使用消炎药膏涂抹脱出部位，如金霉素软膏。每天重复此过程，直到脱出部位有所改善。

（2）口服药物

① 抗生素：可以使用抗生素预防继发感染，如庆大霉素或链霉素。在饲料中添加适量抗生素和维生素，增强免疫力，预防继发感染。

② 饲料添加药物：先制作干酵母粉和穿心莲干粉，每千克饲料中加入 10 克干酵母粉、20 克穿心莲干粉。对于拒食的病蛙，一人用光滑的小竹片从口角将病蛙的口打开，将干酵母粉和穿心莲干粉和饲料拌匀后投喂，每天 2 次，连续喂 3 天。

③ 维生素补充：通过饲料添加维生素 A、维生素 B、维生素 C 和维生

素 D，增强棘胸蛙的免疫力。

3.15.2.3　手术复位

对于严重脱肛且难以自行复位的情况，可以考虑手术复位。手术应在专业兽医指导下进行，包括清洁创面、复位直肠、缝合伤口等步骤。

具体操作：对于突出肛门外的直肠，用蒸馏水或冷开水洗净后，用手慢慢将其塞回蛙体内。将处理后的病蛙放入另外的清水池中养殖，减少其活动量，以便恢复。

3.16　棘胸蛙歪头病

3.16.1　棘胸蛙歪头病症状表现

棘胸蛙歪头病是一种复杂的疾病，其症状多样且严重，传染性强，而且可能导致病蛙迅速死亡。已有文献表明[50]，棘胸蛙歪头病是由脑膜炎败血伊丽莎白菌引起的，该菌又称脑膜炎脓毒黄杆菌或脑膜炎败血黄杆菌（Flavobacterium meningosepticum）或脑膜炎败血金黄杆菌（Chryseobacterium meningosepticum）[51]，属于黄杆菌纲、黄杆菌目、黄杆菌科、伊丽莎白菌属，是一种重要的人畜共患条件致病菌。以下是棘胸蛙歪头病的具体症状表现[50]。

3.16.1.1　外观症状表现

① 食欲减退或丧失：病蛙食欲下降，甚至完全丧失进食欲望。

② 体表发黑：皮肤颜色变深，呈现黑色。

③ 头颈歪斜：头部和颈部出现歪斜现象，表现出明显的歪头症状。

④ 失去平衡：病蛙在水面出现间歇性的旋转，身体失去平衡力，游动时身体打转，腹部朝上[51]。

⑤ 腹部膨胀：腹部明显膨胀。

⑥ 四肢肿大：四肢肿胀。

⑦ 脚趾蜷曲：脚趾呈现蜷曲状态。

⑧ 腿部肌肉出血：腿部肌肉出现出血点。

⑨ 皮肤溃疡：部分病蛙皮肤可见溃疡灶。

⑩ 眼球角膜发白：眼球角膜发白，浑浊，呈现"白内障"症状。

⑪ 应激能力差：病蛙对外界刺激的反应能力减弱，容易受到惊吓。

⑫ 狂游：偶尔会在水中快速旋转或狂游，表现出失控的状态。

⑬ 快速死亡：从发病到死亡的时间通常为 2～4 天。

3.16.1.2　行为变化[52]

① 精神不振：病蛙表现出精神萎靡，行动迟缓。

② 食欲减退：病蛙食欲明显下降，进食减少。

③ 活动减少：病蛙的活动量显著减少，显得无力。

3.16.1.3　解剖症状[52]

① 肝脏异常：解剖可见肝脏发黑、肿大。

② 脾脏缩小：脾脏体积缩小，可能伴有其他内脏器官的变化。

患歪头病的棘胸蛙如图 3-5 和图 3-6 所示。

图 3-5　歪头病（一）

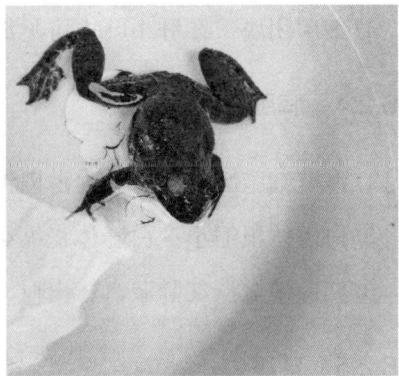

图 3-6　歪头病（二）

3.16.2 棘胸蛙歪头病的病理特征

棘胸蛙歪头病是一种涉及多个器官系统的复杂疾病，其病理变化广泛且严重。以下是详细的病理特征描述[50]。

3.16.2.1 骨骼肌

① 肌纤维变性：骨骼肌纤维出现变性，呈波浪状，横纹消失。

② 胞质改变：胞质红染均质无结构。

③ 断裂或溶解：严重者肌纤维断裂或溶解，呈条索状或团块状。

3.16.2.2 心脏

① 心肌纤维肿胀：心肌纤维肿胀，横纹消失。

② 颗粒变性和空泡变性：心肌纤维出现颗粒变性和空泡变性。

③ 坏死和出血：心肌纤维出现坏死，肌间隙出血，大量炎症细胞浸润。

3.16.2.3 肝脏

① 肝血窦扩张：肝血窦扩张，瘀血。

② 肝细胞肿胀：肝细胞肿胀，广泛性空泡变性。

③ 肝细胞坏死：肝细胞核浓缩、溶解，细胞崩解形成的灶性坏死。

④ 细菌团块：在肝小叶内可见细菌团块。

3.16.2.4 脾脏

① 淋巴细胞减少：脾髓内淋巴细胞数量显著减少。

② 白髓体积缩小：白髓体积缩小甚至消失。

③ 红髓淤血：红髓淤血、出血，网状细胞大量增生。

3.16.2.5 肾脏

① 肾小球病变：肾小球血管内皮细胞和系膜细胞大量增生，血管球充血。

② 肾小囊渗出物：肾小囊内充满均质红染蛋白样渗出物。

③ 肾小管病变：肾小管上皮细胞颗粒变性与空泡变性，局部区域肾小管上皮细胞坏死脱落。

④ 管型形成：肾小管管腔内大量蛋白或脱落的上皮细胞形成管型。

⑤ 肾间质出血：肾间质局灶性出血，炎症细胞浸润。

3.16.2.6　脑

① 脑膜病变：脑膜疏松，毛细血管瘀血。

② 小胶质细胞增生：脑基质内小胶质细胞大量增生。

③ 神经元细胞核固缩：神经元细胞核固缩，染色加深。

④ "卫星"现象：增生的小胶质细胞围绕神经元细胞形成"卫星"现象。

⑤ "噬神经元"现象：小胶质细胞吞噬神经元细胞形成"噬神经元"现象。

3.16.3　棘胸蛙歪头病可能的病因

棘胸蛙歪头病可能是由多种因素引起的[50]，包括但不限于以下因素。

① 细菌感染：如某些革兰氏阴性菌或阳性菌。

② 病毒感染：如某些病毒导致的神经系统病变。

③ 寄生虫感染：某些寄生虫感染也可能导致类似的症状。

④ 水质问题：水质不佳，如氨氮过高、溶解氧不足等也可能诱发疾病。

3.16.4　棘胸蛙歪头病的药物敏感性

引起棘胸蛙歪头病的脑膜炎败血伊丽莎白菌对 15 种抗生素（阿莫西林、氨苄西林、头孢唑林、氧氟沙星、环丙沙星、恩诺沙星、四环素、多西环素、丁胺卡那、链霉素、庆大霉素、红霉素、阿奇霉素、复方新诺明与林可霉素）均具有耐药性，只有对氟苯尼考（Florfenicol）敏感[50]。因此，在治疗时需要特别注意选择正确的药物。

3.16.5 棘胸蛙歪头病的治疗

3.16.5.1 药物治疗

首先进行药敏试验，确定病原菌对哪些抗生素敏感。可以选择氟苯尼考[50]或庆大霉素[51]。

（1）氟苯尼考

根据文献报道该病原体仅对氟苯尼考敏感，因此首选氟苯尼考进行治疗[50]，具体如下。

① 口服：将氟苯尼考混入饵料，按照推荐剂量添加。每天投喂 2 次，连续喂食 3～5 天。

② 浸泡：将病蛙浸泡在含有氟苯尼考的溶液中，根据药物说明书调整浓度和浸泡时间。通常为每天 1 次，连续 2～3 天。

③ 抗生素注射：对于严重病例，可以考虑肌肉注射氟苯尼考。按照每千克蛙体重的推荐剂量进行注射。

（2）庆大霉素

也有文献报道，使用庆大霉素进行治疗[51]。庆大霉素是一种广谱抗生素，对多种细菌感染有效。具体做法是在饲料中添加庆大霉素或直接将庆大霉素溶于水中进行药浴。具体使用方法：可以将庆大霉素溶于水中进行全池泼洒，通常使用的浓度为每升水体加入 500～1 000 国际单位（IU）的庆大霉素，连续使用 3～5 天。同时，在饲料中添加庆大霉素，按照每公斤饲料中加入 50～100 毫克庆大霉素的比例，连续投喂 5～7 天。

3.16.5.2 环境管理

① 改善水质：定期更换水质，保持水质清洁。

② 消毒：使用生石灰或漂白粉对饲养环境进行消毒。

③ 控制饲养密度：避免过度拥挤，减少应激因素。

3.16.5.3 营养支持

① 高质量饵料：提供高质量的饵料，增强棘胸蛙的免疫力。

② 维生素补充：适当补充维生素，尤其是维生素 C 和维生素 E，以促进伤口愈合和增强免疫力。

3.16.6 棘胸蛙歪头病的预防措施

3.16.6.1 生态预防

① 改善水质：定期更换池水，保持水质清洁，控制氨氮和亚硝酸盐含量。

② 改善水体环境：定期使用芽孢杆菌或乳酸菌等微生态制剂来改善水体环境，促进有益菌群的生长，抑制病原菌的繁殖。通常为每立方米水体使用 1～2 克芽孢杆菌或乳酸菌，定期泼洒，以保持水质的稳定[52]。

③ 合理放养密度：控制放养密度，避免过度拥挤，减少应激反应。

④ 多样化饲料：提供多样化的饲料，确保营养均衡，避免单一食物的长期食用。

⑤ 定期消毒：定期对养殖池进行消毒，使用适当的消毒剂，如二氧化氯、漂白粉等。使用"苯扎溴铵＋戊二醛"进行水体消毒，连续使用 2 次，每次间隔一天。通常为每升水体使用 0.3～0.5 毫克苯扎溴铵加上 0.3～0.5 毫克戊二醛，进行全池泼洒。连续使用 2 次，每次间隔一天[52]。

3.16.6.2 生物安全[51]

① 加强生物安全管理，避免引入病原体，减少交叉感染的机会。

② 定期监测水质和棘胸蛙的健康状况，及时发现问题并采取措施。

3.16.6.3 免疫预防[51]

① 疫苗接种：积极探索并应用针对歪头病的疫苗接种技术，提高棘胸蛙

的免疫力。

② 免疫增强剂：在饲料中添加免疫增强剂，如维生素 C、维生素 E，帮助提高棘胸蛙的抵抗力。

3.16.6.4 综合管理

① 定期检查：定期对棘胸蛙进行健康检查，及时发现并处理早期症状。

② 营养管理：提供营养均衡的饲料，避免营养失衡。

③ 减少应激：避免温度骤变、过度拥挤等应激因素。

④ 监测水质，确保水质各项指标在适宜范围内。

3.17 棘胸蛙虹彩病毒病

3.17.1 棘胸蛙虹彩病毒病的症状表现、病理特征和病因

虹彩病毒病是由虹彩病毒引起的一种严重疾病，对棘胸蛙等两栖动物的影响较大。

3.17.1.1 症状表现[53]

① 体表出血：病蛙体表出现出血点或出血斑。

② 后肢溃疡：后肢部位出现溃疡。

③ 活动无力：病蛙表现出活动无力，活动减少。

④ 死亡高峰：发病 7 天后达到死亡高峰，累积死亡率最高可达 80%。

3.17.1.2 病理特征[53]

① 无寄生虫感染：通过显微镜检查未发现寄生虫感染。

② 无细菌感染：细菌学检测显示亦无细菌感染。

3.17.1.3　病因[53]

虹彩病毒病是由虹彩病毒引起的一种病毒性疾病。虹彩病毒是一类具有广泛宿主范围的双链 DNA 病毒，能够感染多种鱼类、两栖类和无脊椎动物。

3.17.2　棘胸蛙虹彩病毒病的治疗方法

虹彩病毒病是一种病毒性疾病，目前尚无特效药物可以直接治疗病毒感染。治疗方法主要包括支持性治疗和环境管理[53]。

3.17.2.1　支持性治疗

营养支持：提供高质量的饵料，增强棘胸蛙的免疫力。

维生素补充：适当补充维生素，特别是维生素 C 和维生素 E，以促进免疫系统的恢复。

电解质补充：补充电解质可以帮助维持水分平衡，减轻脱水症状。

3.17.2.2　环境管理

①改善水质：定期更换水质，保持水质清洁。确保水中溶解氧充足，调节水温和 pH，保持适宜的生存环境。

②控制温度：调节水温，避免过高或过低的温度，以减少应激。

③消毒：使用高锰酸钾、二氯异氰尿酸等适当的消毒剂对饲养环境进行消毒，减少病毒的传播。按照推荐浓度使用消毒剂。

3.17.2.3　隔离治疗

将患病的棘胸蛙隔离，防止疾病在群体中传播。

3.18 棘胸蛙腹水病

3.18.1 棘胸蛙腹水病的症状表现和病理特征

由温和气单胞菌（Aeromonas hydrophila）引起的腹水病是一种严重的疾病，主要影响棘胸蛙等两栖动物。以下是该病的具体症状表现和病理特征[54]。

3.18.1.1 症状表现

① 腹腔鼓胀：病蛙的腹腔鼓胀，呈圆球形。

② 腹壁变薄：腹壁变薄，呈透明状，类似气泡病。

③ 内脏可见：透过腹壁可以看到病蛙的内脏。

④ 肝脏变化：肝脏发红或者发黄。

⑤ 肠道透明无食：肠道透明，没有食物。

⑥ 透明液体流出：打开腹腔时，有大量透明液体流出。

3.18.1.2 病理特征

① 无寄生虫感染：通过显微镜检查体表和鳃部未发现有寄生虫感染。

② 细菌感染：细菌学检测显示存在温和气单胞菌感染。

3.18.2 棘胸蛙腹水病的治疗方法

由温和气单胞菌引起的腹水病需要综合治疗，包括杀菌、消肿利水以及改善肝功能和机体代谢机能。以下是具体的治疗方法[54]。

3.18.2.1 抗生素治疗

恩诺沙星具有较好的杀菌作用，适用于治疗温和气单胞菌感染。

① 口服：将恩诺沙星混入饵料中。将恩诺沙星按照每千克饵料加入适量

剂量，每天投喂 2 次，连续喂食 3～5 天。

② 浸泡：将病蛙浸泡在含有恩诺沙星的溶液中，根据药物说明书调整浓度和浸泡时间。通常为每天 1 次，连续 2～3 天。

③ 注射：对于严重病例，可以考虑肌肉注射恩诺沙星，按照每千克蛙体重的推荐剂量进行注射。

3.18.2.2　消肿利水

① 食盐：将适量食盐混入饵料或溶于水中。食盐有利水作用，可以促进体内多余水分的排出。

② 双黄连：将双黄连提取物混入饵料中或制成溶液进行浸泡。双黄连具有清热解毒和消炎的作用，可用于辅助治疗。

3.18.2.3　保肝利胆

按照推荐剂量将保肝宁混入饵料，每天投喂 2 次，连续喂食 3～5 天。保肝宁是一种保肝利胆药物，有助于恢复肝脏功能，纠正机体代谢平衡。

3.19　棘胸蛙出血病

棘胸蛙出血病是一种严重影响棘胸蛙健康和养殖效益的疾病。棘胸蛙出血病的致病菌之一是鲍曼不动杆菌[55]。以下是该病的症状、危害及流行特点的详细描述[55]。

3.19.1　棘胸蛙出血病的症状

3.19.1.1　外观症状

① 腹面充血：患病棘胸蛙的腹面呈现明显的红色充血。

② 不摄食：病蛙停止进食，食欲减退或完全丧失。

③ 应激能力差：病蛙对外界刺激的反应能力减弱，容易受到惊吓。

④ 行动迟缓：病蛙活动减少，反应迟钝，行动迟缓。

⑤ 体态臃肿：病蛙体型变得臃肿，显得浮肿。

3.19.1.2　解剖症状

① 腹腔内腹水：解剖病蛙后发现腹腔内有大量的腹水。

② 水肿现象：腹腔内脏器官周围可能伴有水肿现象。

③ 内脏器官受损：内脏器官（如肝脏、肾脏）可能出现肿大、充血或出血等病变。

④ 其他内脏症状：胃肠道可能出现充血、溃疡或出血点。

3.19.2　棘胸蛙出血病的危害

① 高死亡率：棘胸蛙出血病具有较高的死亡率，患病棘胸蛙往往在几天内死亡。

② 经济损失：该病对养殖业造成较大经济损失，因为患病棘胸蛙不仅死亡率高，而且治疗成本高昂。

③ 养殖管理困难：疾病的发生使养殖管理变得更加复杂，需要投入更多的人力和物力进行防控。

3.19.3　棘胸蛙出血病的流行特点

① 流行季节：初步调查显示，棘胸蛙出血病的流行季节主要集中在每年的 5 月至 9 月，即夏季高温季节。

② 环境因素：疾病的发生与水质恶化、养殖密度高、应激因素增加等因素密切相关。

③ 地区分布：该病在棘胸蛙养殖密集区较为常见，尤其是在管理不善的情况下更容易暴发。

3.19.4　棘胸蛙出血病的致病因素

① 水质问题：水质污染、氨氮和亚硝酸盐超标等，导致病原菌易于滋生。

② 高密度养殖：养殖密度大，棘胸蛙之间互相挤压，增加了感染的风险。

③ 应激反应：温度突变（尤其是由热转冷）、过度拥挤等应激因素可能导致棘胸蛙免疫力下降，易于感染。

④ 营养不良：长期营养不良或饲料单一，导致棘胸蛙免疫力下降。

3.19.5　棘胸蛙出血病的预防措施

3.19.5.1　加强野生动物保护和管理

① 加强野外捕捞管理：从野外捕捞或来源不明的棘胸蛙，应先做好消毒和隔离暂养，确保安全后再进入养殖场进行养殖。

② 消毒和隔离：新引进的棘胸蛙应在隔离区进行消毒和观察一段时间，确认无病原携带后方可混群养殖。

3.19.5.2　优化养殖环境

① 保持水质清新：保持水体流动及水质清新，定期更换池水，控制氨氮和亚硝酸盐含量。

② 消毒水质：加强水质的消毒工作，使用适当的消毒剂（如二氧化氯、漂白粉）定期消毒水质。

③ 降温保洁：在高温季节，采取措施降低水温，保持适宜的养殖环境。

3.19.5.3　合理放养密度

① 控制放养密度：放养密度要适当，切勿过密，以减少应激反应和疾病传播的风险。

② 避免拥挤：确保棘胸蛙有足够的空间活动，避免因过度拥挤导致的应激反应。

3.19.5.4　饲料管理

① 提供营养均衡的饲料：提供营养均衡、新鲜的饲料，避免单一饲料的

长期使用。

② 避免变质饲料：不投喂腐烂变质的饲料，减少细菌和寄生虫的感染机会。

3.19.5.5　生物安全管理

① 严格进出管理：加强养殖场所的进出管理，避免外来病原体的引入。

② 定期监测：定期监测水质和棘胸蛙的健康状况，及时发现并处理问题。

3.19.6　棘胸蛙出血病的治疗措施

3.19.6.1　药敏实验

进行药敏实验，确定对病原菌敏感的抗菌药物。根据药敏实验结果选择合适的抗菌药物进行治疗。棘胸蛙出血病的致病菌之一是鲍曼不动杆菌，而多数抗菌药物对鲍曼不动杆菌均有较好的抗菌作用[55]。

3.19.6.2　药物治疗

① 使用敏感的抗菌药物进行治疗，可通过药浴或内服的方式进行。

② 在饲料中添加适量的抗菌药物，如每千克饲料中添加 50～100 毫克庆大霉素，连续投喂 5～7 天。

3.19.6.3　综合管理

① 加强日常管理，定期监测水质和棘胸蛙的健康状况。

② 密切观察病蛙的状态，及时采取措施。

3.20　棘胸蛙红腿病并发烂皮病、腹水症

3.20.1　棘胸蛙红腿病并发烂皮病、腹水症的症状表现

棘胸蛙红腿病并发烂皮病和腹水症是一种多重感染引起的严重疾病，症状

进展迅速,且死亡率较高。以下是红腿病并发烂皮病和腹水症的具体症状表现[56]。

3.20.1.1　红腿病

① 大腿与前肢发红:发病初期,棘胸蛙的大腿和前肢出现红色。

② 后肢无力颤抖:后肢无力,出现颤抖。

③ 头部伏地:头部低下,伏在地上。

④ 不吃不动:食欲减退,部分不食,活动减少。

3.20.1.2　烂皮病

① 皮肤失去光泽:头部、背部和躯干部皮肤失去光泽。

② 头皮溃烂:头皮溃烂,呈白色花纹状。

③ 关节肿大、歪头:关节肿大,出现歪头现象。

3.20.1.3　腹水症

① 腹部肿大突出:腹部肿大,基部充血、出血。

② 淡黄色腹水:轻触腹部会有淡黄色腹水流出。

③ 快速死亡:病蛙通常在 3～4 天内便会死亡。

3.20.2　棘胸蛙红腿病并发烂皮病、腹水症的治疗方法[56]

棘胸蛙养殖过程中,有些时候棘胸蛙的发病往往不是表现为单一的疾病,更多的是几种疾病同时发作。因此,针对多种疾病同时发作的复杂疾病的治疗方法显得尤为重要。

3.20.2.1　内服治疗

① 氟苯尼考:用于抗菌治疗。按照蛙体重计算,每千克蛙体重给予 5 毫克氟苯尼考。

② 强力霉素(多西环素):用于抗菌治疗。按照蛙体重计算,每千克蛙体

重给予 30 毫克强力霉素。

③ 将上述剂量氟苯尼考和强力霉素同时拌入黄粉虫中，将拌有药物的黄粉虫均匀投喂给棘胸蛙。每天分 2 次投喂，连续使用 3 天。

3.20.2.2　外用治疗

使用聚维酮碘溶液消毒和预防感染。每立方米水用 0.3～0.5 毫升的 10% 聚维酮碘溶液。将聚维酮碘溶液按照比例稀释后搅拌均匀，全池泼洒。连续使用 3 天。

3.21　棘胸蛙白内障并发体表溃疡、神经症状

棘胸蛙白内障病可能与其他疾病同时发生。文献已报道了一种感染了脑膜炎败血伊丽莎白菌（Elizabethkingia meningoseptica）的传染病，既有白内障症状，还具有体表溃疡和神经症状。该细菌对全身组织均造成不同程度损伤，表现为明显的坏死或炎症。而且病情进展迅速，从发病到死亡一般为 2～4 天[50]。

3.21.1　棘胸蛙白内障并发体表溃疡、神经症状的具体症状

棘胸蛙白内障并发体表溃疡和神经症状是一种严重的疾病，表现为多方面的临床症状和病理变化。以下是该病的具体症状[50]。

3.21.1.1　临床症状

① 食欲减退或丧失：患病棘胸蛙食欲明显下降甚至完全丧失。

② 体表发黑：体表颜色变暗，呈现黑色。

③ 头颈歪斜：头部和颈部出现歪斜现象。

④ 失去平衡：在水中出现间歇性游动打转的情况，表现出失去平衡的症状。

⑤ 腹部膨胀：腹部明显膨胀。

⑥ 四肢肿大：四肢出现肿胀。

⑦ 脚趾蜷曲：脚趾呈现蜷曲状态。

⑧ 腿部肌肉出血：腿部肌肉有出血点。

⑨ 皮肤溃疡：部分棘胸蛙的皮肤可见溃疡灶。

⑩ 眼球角膜发白：眼球角膜呈现白色浑浊，类似"白内障"的表现。

3.21.1.2　解剖症状

① 腹腔内有淡黄色透明腹水：腹腔内存在一定量的淡黄色透明腹水。

② 肝脏肿大、瘀血：肝脏呈现肿大且有瘀血，呈现花斑状。

③ 脾肿大、呈紫黑色：脾脏肿大并呈现紫黑色。

④ 脑膜充血：脑膜出现充血，严重病例可见脑软化。

⑤ 肠壁变薄：部分病蛙的肠壁变薄，呈现半透明状态，内部充满透明黏液。

3.21.2　棘胸蛙白内障并发体表溃疡、神经症状的组织病理学观察[50]

3.21.2.1　骨骼肌

① 骨骼肌纤维变性，呈波浪状，横纹消失，胞质红染均质无结构。

② 严重者断裂或溶解，呈条索状或团块状。

3.21.2.2　心肌

① 心肌纤维肿胀，横纹消失，颗粒变性、空泡变性，甚至坏死。

② 肌间隙出血、大量炎症细胞浸润。

3.21.2.3　肝脏

① 肝血窦扩张，淤血，肝细胞肿胀，广泛性空泡变性。

② 在肝小叶内可见肝细胞核浓缩、溶解，细胞崩解形成的灶性坏死及细

菌团块。

3.21.2.4　脾脏

① 脾髓内淋巴细胞数量显著减少，白髓体积缩小甚至消失。

② 红髓血，肾小囊内充满均质红染蛋白样渗出物。

3.21.2.5　肾脏

① 肾小管上皮细胞颗粒变性与空泡变性，局部区域肾小管上皮细胞坏死脱落。

② 肾小管管腔内大量蛋白或脱落的上皮细胞形成管型，肾间质局灶性出血，炎症细胞浸润。

3.21.2.6　脑组织

① 脑膜疏松，毛细血管瘀血。

② 脑基质内小胶质细胞大量增生，神经元细胞核固缩，染色加深。

③ 增生的小胶质细胞围绕在其周围形成"卫星"现象或呈"噬神经元"现象。

3.21.3　棘胸蛙白内障并发体表溃疡、神经症状的治疗措施

3.21.3.1　药物治疗

① 抗生素治疗：根据药敏试验结果，选择敏感的抗生素进行治疗。常用的抗生素包括庆大霉素、恩诺沙星等。

② 中草药治疗：使用具有抗菌和抗炎作用的中草药制剂，如穿心莲，减少对抗生素的依赖。

3.21.3.2　综合管理[38]

① 水质调整：加强水质管理，确保水质清洁，减少病原菌的滋生。

② 消毒：在治疗期间继续进行消毒，减少病原体的传播。

③ 营养补充：在饲料中添加维生素和微量元素，帮助棘胸蛙恢复健康。

④ 隔离治疗：将病蛙隔离，进行专门治疗，防止交叉感染。

3.21.3.3　研究疫苗和免疫增强剂[50]

① 疫苗研发：积极研究开发针对棘胸蛙白内障并发体表溃疡和神经症状的疫苗，提高棘胸蛙的抗病力。

② 免疫增强剂：开发和使用免疫增强剂，提高棘胸蛙的免疫力，减少疾病的发生。

3.21.3.4　减少抗生素使用

积极探索替代抗生素的治疗方法，如中草药制剂、益生菌，减少抗生素的使用，防止抗药性的产生。

3.22　棘胸蛙传染性肝炎

3.22.1　棘胸蛙传染性肝炎的症状

棘胸蛙传染性肝炎主要影响幼蛙和成蛙，其主要症状包括以下 6 种。

① 体色变化：蛙体颜色变浅，呈现土黄色。

② 腹部症状：腹部可能膨胀，后肢根部出现水肿。

③ 行为异常：病蛙表现出张口打嗝、恶心反胃的症状，显得痛苦，有时会吐出带有纤维状物质的黏液。

④ 舌头外露：病蛙常伴有舌头从口腔伸出的现象。

⑤ 内脏变化：剖检可见腹腔内有腹水外溢，肝脏呈现浅黄色或灰白色，胆囊肿大，心脏充血，胃及小肠内充满脂肪样物质。

⑥ 其他内脏症状：肾脏充血肿大，脂肪体增大，黑色素细胞减少，黄色素细胞增加。

传染性肝炎主要发生在高温雨季，尤其是在高温、高湿的条件下。环境卫生不佳是诱发该病的重要因素，如养殖池水质污染、有机物积累过多。

3.22.2　棘胸蛙传染性肝炎的防治措施

①环境管理：保持养殖环境的清洁卫生，定期清理养殖池，避免水质恶化。高温雨季要加强水质监测，及时调整水质条件。

②消毒：定期对养殖池进行消毒，可以使用适当的消毒剂，如漂白粉、二氧化氯，按照推荐浓度进行全池泼洒。

③隔离病蛙：一旦发现病蛙，应立即隔离，防止疾病传播。对病蛙进行单独饲养，并对其进行治疗。

④药物治疗：在饲料中添加抗生素进行治疗。具体做法是，在每千克饲料中添加 360 万单位的青霉素和 0.4 克的链霉素，连续使用 5～7 天。使用抗生素时应遵循兽医指导，避免滥用抗生素导致抗药性。

⑤改善饲料：提供高质量的饲料，确保营养均衡，增强棘胸蛙的免疫力。可以适当添加免疫增强剂，如维生素 C、维生素 E。

⑥监测与管理：加强日常管理，定期监测水质和棘胸蛙的健康状况。保持合理的放养密度，避免过度拥挤。

综合运用上述预防和治疗措施，可以有效地控制棘胸蛙传染性肝炎的发生和发展，保障棘胸蛙的健康和养殖效益。同时，建议定期进行水质检测和疾病监测，及时发现问题并采取措施。

3.23　蜂房哈夫尼菌导致的棘胸蛙感染

3.23.1　由蜂房哈夫尼菌导致的棘胸蛙感染的症状表现

文献报道了一种棘胸蛙的感染是由蜂房哈夫尼菌（Hafnia alvei）引起的。由蜂房哈夫尼菌导致的棘胸蛙感染是一种细菌性疾病，其症状表现包括多个系统的表现。

3.23.1.1 眼部症状

黄色分泌物：患病棘胸蛙的眼睛处有较多黄色分泌物，如图 3-7 所示。

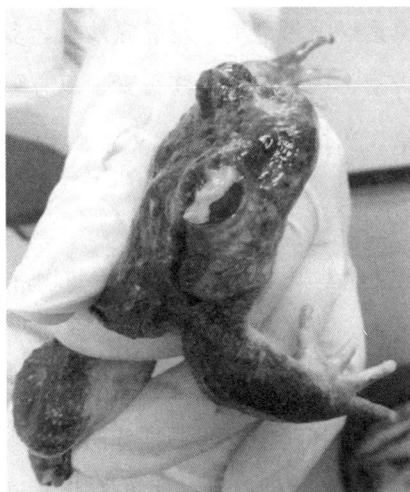

图 3-7 蜂房哈夫尼菌感染病蛙眼睛

3.23.1.2 消化道症状

① 腹泻：病蛙出现腹泻症状。

② 腹胀：病蛙可能出现腹胀等肠道疾病。

3.23.1.3 皮肤症状

① 趾端发红：趾端发红，并伴有出血点。

② 皮肤溃烂：病蛙伴有烂皮病等皮肤溃烂情况。

3.23.1.4 其他症状

① 食欲减退：病蛙可能会出现食欲减退。

② 活动减少：病蛙活动力减弱，表现为不愿移动或活动缓慢。

③ 体重减轻：由于食欲减退和消化道问题，病蛙可能会出现体重减轻。

3.23.2　由蜂房哈夫尼菌导致的棘胸蛙感染的治疗方法

3.23.2.1　药物敏感性[57]

① 高度敏感：氯霉素、阿米卡星、左氧氟沙星、多黏菌素。

② 中度敏感：链霉素、庆大霉素、红霉素、复方阿诺明、氨苄西林。

③ 不敏感：青霉素、头孢唑林。

3.23.2.2　药物选择

根据药物敏感性测试的结果，可以选择以下药物进行治疗。

（1）内服治疗

① 抗菌治疗：氯霉素、阿米卡星、左氧氟沙星、多黏菌素。

② 剂量：根据蛙的体重和药物说明书推荐的剂量来确定具体用量。对于氯霉素或左氧氟沙星，可以按照每千克蛙体重给予 5 毫克。对于阿米卡星，可以按照每千克蛙体重给予 30 毫克。

③ 用法：将上述剂量的药物拌入黄粉虫或其他饵料，将拌有药物的黄粉虫均匀投喂给棘胸蛙。每天分 2 次投喂，连续使用 3 天。定期检查棘胸蛙的健康状况，早期发现问题并及时处理。

（2）外用治疗

聚维酮碘溶液：用于消毒和预防感染。每立方米水用 0.3～0.5 毫升的 10% 聚维酮碘溶液。将聚维酮碘溶液按照比例稀释后搅拌均匀，全池泼洒。连续使用 3 天。

3.24　棘胸蛙爱德华菌病

3.24.1　棘胸蛙爱德华菌病的症状

爱德华菌病是由爱德华菌属（Edwardsiella）细菌引起的一种传染病，主要危害棘胸蛙的幼蛙和成蛙。该病在整个养殖周期均可能发生，尤其在秋季较为多发，发病后病死率较高。以下是该病的主要症状[34]。

3.24.1.1　外观症状

① 腹部膨胀：患病的棘胸蛙腹部会出现膨胀现象，显得比正常蛙更加鼓胀。

② 皮肤充血：皮肤上出现充血现象，有时可见点状充血，表现为皮肤上出现红色斑点或红斑。

③ 肛门红肿：肛门周围红肿，这也是一个较为明显的外部症状。

3.24.1.2　内部症状

① 腹腔积水：解剖病蛙时，可以发现腹腔内有积水，这可能是由于细菌感染引起的炎症反应所致。

② 肝脏和肾脏病变：肝脏和肾脏可能出现肿大，并伴有充血或出血坏死。这些器官的病变是爱德华菌病的一个重要病理特征。

③ 其他脏器受影响：除肝肾外，其他脏器也可能受到感染，出现类似的病变。

3.24.1.3　行为和生理症状

① 活动减少：患病的棘胸蛙活动能力减弱，表现为行动迟缓、反应迟钝。

② 食欲减退：病蛙食欲减退或停止进食，这是由于疾病导致的整体体质下降所致。

③ 体重减轻：由于食欲减退和营养不良，患病的棘胸蛙体重可能会下降。

3.24.1.4　高病死率

爱德华菌病的另一个特点是病死率较高，一旦发病，如果没有及时有效的治疗措施，患病棘胸蛙的存活率会大大降低。

3.24.2　棘胸蛙爱德华菌病的预防措施

爱德华菌病是一种对棘胸蛙危害较大的细菌性疾病，特别是在幼蛙和成蛙阶段。为了有效预防和治疗该病，以下是一些具体的预防措施[34]。

① 避免过度刺激：在饲养过程中应尽量减少对棘胸蛙的过度刺激，保持其生活环境的稳定。避免频繁搬动或不必要的干扰。

② 保持水质稳定：维持水质的清洁和稳定，定期检测并调整水质参数（如pH、氨氮、亚硝酸盐），确保水质适宜棘胸蛙的健康生长。

③ 合理放养密度：控制放养密度，避免过度拥挤，以减少疾病传播的机会。合理的密度有助于减少竞争压力，提高棘胸蛙的免疫力。

3.24.3　棘胸蛙爱德华菌病的治疗措施

以下是一些具体的治疗措施[34]。

① 消毒处理：使用三氯异氰脲酸（TCCA）进行水体消毒。具体做法是每升水体用 0.3～0.6 毫克的三氯异氰脲酸兑水后全池泼洒。消毒后第二天，再使用土霉素进行消毒，每升水体用 2 毫克的土霉素兑水全池泼洒。

② 抗生素治疗：在饲料中添加氟苯尼考（Florfenicol）。具体做法是在每千克饲料中拌入 30～50 毫克的氟苯尼考，连续投喂 5～7 天。氟苯尼考是一种广谱抗生素，对许多革兰氏阳性菌和阴性菌均有较好的抗菌效果。

③ 中药辅助治疗：在饲料中添加三黄散，每千克饲料中添加 5～6 克，拌饲投喂，每日两次，连续使用 5～7 天。三黄散是一种中药制剂，具有清热解毒、增强机体免疫力的作用。

3.25　棘胸蛙黑肝或花肝

3.25.1　棘胸蛙"黑肝"与"花肝"的症状

棘胸蛙"黑肝"和"花肝"通常是指棘胸蛙肝脏出现异常变色的现象，

这可能是由多种原因引起的。以下是主要症状[52]。

① 体表变化：棘胸蛙体表分泌的黏液减少，皮肤失去光泽，显得较为干燥。

② 行为变化：棘胸蛙的抵抗力下降，可能表现出活动减少、食欲减退等症状。

③ 肝脏异常：棘胸蛙"黑肝"解剖可见肝脏颜色变深，呈现黑色或深褐色，质地可能变得较硬。棘胸蛙"花肝"解剖可见肝脏颜色不均匀，出现斑驳的花纹，可能有部分区域呈现深色或浅色。

④ 伴随症状：除了肝脏颜色变化，还可能伴有腹水、肝脏肿大、腹腔内出血等现象。

3.25.2　棘胸蛙"黑肝"与"花肝"的预防措施与治疗方案

棘胸蛙"黑肝"与"花肝"通常是营养失衡或肝脏代谢功能障碍所引起的。以下是具体的预防方案[52]。

① 定期添加保肝药物：在饲料中定期添加"保肝1号"或其他保肝药物，帮助修复肝脏损伤，维护肝脏健康。

② 丰富食物种类：提供多样化的饲料，避免单一食物的长期食用。确保饲料中含有充足的维生素、矿物质和其他必需营养素，以促进棘胸蛙的健康。

③ 改善水质：定期更换池水，保持水质清洁，控制氨氮和亚硝酸盐含量，减少水质污染对肝脏的负面影响。

④ 控制放养密度：合理控制放养密度，避免过度拥挤，减少应激反应。

⑤ 生物安全：加强生物安全管理，避免引入病原体，减少交叉感染的机会。

⑥ 增强免疫力：在饲料中添加免疫增强剂，如维生素C、维生素E等，帮助提高棘胸蛙的抵抗力。

3.25.3　棘胸蛙"黑肝"与"花肝"的治疗措施[52]

① 调整饲料配方：对已经出现"黑肝"或"花肝"症状的棘胸蛙，调整

饲料配方,提供营养均衡的饲料,避免单一食物的长期食用。

② 保肝药物治疗:在饲料中添加"保肝 1 号"或其他保肝药物,帮助修复受损的肝脏。具体用量可以根据产品说明或兽医建议进行调整。

③ 营养补充:在饲料中添加肝保护剂,如胆碱、蛋氨酸,帮助修复受损的肝脏。还可以适当添加维生素 C、维生素 E 等抗氧化剂,增强肝脏功能。

④ 改善水质:加强水质管理,确保水质清洁,减少病原菌的滋生。

⑤ 隔离病蛙:将患病的棘胸蛙隔离,防止疾病进一步传播。

3.25.4　棘胸蛙"黑肝"与"花肝"的病因分析

棘胸蛙"黑肝"与"花肝"的发生可能由以下原因引起[52]。

① 食物单一:长期食用单一食物,导致营养不均衡,肝脏负担加重。

② 营养过剩:饲料中营养成分过剩,特别是蛋白质和脂肪过多,导致肝脏代谢功能障碍。

③ 水质问题:水质污染、氨氮和亚硝酸盐超标等,导致肝脏负担加重。

④ 应激反应:过度的应激,如温度骤变、过度拥挤等,导致肝脏功能受损。

⑤ 药物残留:长期使用抗生素或其他药物,导致肝脏负担加重,出现损伤。

3.25.5　棘胸蛙"黑肝"与"花肝"的综合管理

① 定期监测:定期监测水质和棘胸蛙的健康状况,及时发现问题并采取措施。

② 合理管理:保持良好的养殖环境,定期更换水质,清理残饵和粪便,减少病原菌的滋生。

③ 饲料多样化:提供多样化的饲料,确保营养均衡,避免单一食物的长期食用。

④ 减少应激:控制放养密度,避免过度拥挤,减少捕捉和搬运次数。

⑤ 生物安全:加强生物安全管理,避免引入病原体,减少交叉感染的机会。

3.26　棘胸蛙蓝眼病

3.26.1　棘胸蛙蓝眼病的症状表现

棘胸蛙蓝眼病又称为棘胸蛙眼综合征。棘胸蛙蓝眼病与白内障不同：白内障是指眼睛中的晶状体变得混浊，影响视力；蓝眼病的具体症状之一是棘胸蛙眼部的巩膜变成蓝白色（见图 3-8）或亮蓝色（见图 3-9），导致棘胸蛙视物不清，影响棘胸蛙的行动和进食，从而影响棘胸蛙健康。但棘胸蛙蓝眼病至今尚未明确病因，可能是由于受到细菌或病毒感染造成的，可能与寄生虫感染或维生素缺乏有关。棘胸蛙蓝眼病近两年较为高发，严重影响养殖户养殖经济效益。

图 3-8　棘胸蛙蓝眼病（一）　　　　图 3-9　棘胸蛙蓝眼病（二）

3.26.2　棘胸蛙蓝眼病可能的治疗和预防方法

因棘胸蛙蓝眼病的病因尚未明确，没有非常明确的治疗方法，以下是一些可能的治疗或预防方法。

① 改善水质：确保养殖池的水质清洁，定期更换水源，并保持适宜的水温和 pH。

② 消毒处理：使用适当浓度的硫酸铜溶液进行消毒处理，但需谨慎使用，

以避免对棘胸蛙产生毒性。

③补充营养：如果是因为营养缺乏导致的问题，则应该调整饲料配方，确保棘胸蛙摄取足够的维生素和矿物质。

④隔离治疗：将患病个体隔离出来单独治疗，以防疾病扩散。

⑤药物治疗：在兽医指导下，可能需要用盐水和磺胺类药物或其他合适的抗菌素进行治疗。

⑥环境调整：提高养殖密度时，应增加曝气量，以改善水中的氧气含量。

3.27　棘胸蛙蛙壶菌感染

蛙壶菌（Batrachochytrium dendrobatidis，Bd）是一种致命的真菌，它能够感染多种两栖动物，包括棘胸蛙。蛙壶菌（Chytridiomycosis）染感是一种全球范围内的两栖动物传染病，已被确认为导致某些两栖动物种群下降甚至灭绝的重要原因之一。

3.27.1　棘胸蛙蛙壶菌感染的症状表现

蛙壶菌感染的症状可能包括但不限于以下 5 个方面。

①皮肤变化：皮肤上出现白色或灰色的斑块。

②行为改变：活动减少，食欲下降。

③脱水：由于真菌感染破坏了皮肤的渗透调节功能，导致水分流失增加。

④呼吸困难：皮肤是两栖动物重要的呼吸器官之一，感染后可能导致呼吸功能障碍。

⑤死亡：重症感染会导致快速死亡。

3.27.2　棘胸蛙蛙壶菌感染的传播途径

蛙壶菌可通过多种方式传播，包括但不限于以下 3 种。

①直接接触：感染个体与健康个体之间的接触。

②环境媒介：受污染的水体、土壤或其他无生命物体。

③携带者：某些个体可能携带真菌但未表现出症状，成为潜在的传染源。

3.27.3　棘胸蛙蛙壶菌感染的防治方法

尽管蛙壶菌感染目前尚无特效治疗方法，但仍有一些措施可以尝试减轻感染带来的影响。

3.27.3.1　环境管理

①水质监控：保持水质清洁，定期更换养殖水。

②消毒措施：对养殖池、工具等进行定期消毒，减少感染源。

③隔离措施：一旦发现疑似病例，立即将病蛙隔离，防止疫情扩散。

3.27.3.2　饲养管理

①营养强化：提供富含维生素和矿物质的饲料，增强免疫力。

②减少应激：避免过度拥挤，保持适宜的温度和湿度，减少应激因素。

3.27.3.3　药物治疗

①局部处理：在某些情况下，使用抗真菌药物如酮康唑（Ketoconazole）浸泡病蛙，可能有助于减轻症状。

②环境处理：对环境进行抗真菌处理，例如使用甲醛溶液进行消毒。

3.27.3.4　生物安全措施

①检疫程序：新引入的个体应先隔离检疫一段时间，确认无感染后再放入养殖群体。

②人员防护：工作人员应穿戴专用工作服，进出养殖区域时进行消毒处理。

目前，科学家们正在努力寻找更有效的防治方法，包括疫苗开发、新型抗真菌药物的研究等。此外，一些实验室也在探索利用有益微生物来抑制蛙壶菌的生长，以此作为一种生物防控策略。

蛙壶菌感染对棘胸蛙及其他两栖动物构成了重大威胁。通过严格的生物安全管理、环境调控及适时的医疗干预，可以在一定程度上控制病情的发展。然而，对于大规模养殖而言，预防仍是最佳策略。养殖者如有疑问或遇到复杂情况，建议寻求专业兽医的帮助。

第4章　棘胸蛙的食用与相关膳食制作

在自然界的众多馈赠中，棘胸蛙以其独特的风味和营养价值，成为人们餐桌上的一道佳肴。棘胸蛙因肉质细嫩、味道鲜美而深受人们喜爱。在中医理论中，棘胸蛙还具有滋阴补肾、清热解毒的功效，是食疗的上佳选择。本章节简要介绍棘胸蛙食用的适用人群、棘胸蛙食用的注意事项以及棘胸蛙相关的汤膳。

4.1　棘胸蛙食用的适用人群与注意事项

4.1.1　棘胸蛙食用的适用人群

棘胸蛙作为一种美味佳肴，确实受到非常多人的青睐，且棘胸蛙在传统上被认为具有多种滋补功效，但它并非适合所有人食用。为了确保健康安全，以下几种人群应该特别注意避免食用棘胸蛙。

4.1.1.1　对海鲜过敏者

对海鲜过敏的人在考虑食用棘胸蛙时需要特别小心，尽管棘胸蛙并不属于海鲜，而是两栖动物，但其蛋白质结构可能与某些海鲜中的蛋白质相似，从而引发过敏反应。海鲜过敏者通常是对海鲜中的某些蛋白质过敏，尤其是贝类、鱼类、虾、蟹等海产品中的特异性蛋白质。棘胸蛙肉的蛋白质组成可能与某些海鲜中的蛋白质有结构上的相似性。这意味着对海鲜过敏的人在食用棘胸蛙时可能会遇到交叉反应性，即身体的免疫系统错误地识别棘胸蛙肉中的蛋白质为过敏原，从而引发过敏症状，如皮疹、呼吸困难、喉咙肿胀、恶心、呕吐。因此，对海鲜过敏的人在尝试棘胸蛙之前应该格外谨慎，最好先进行小量尝试，观察是否有过敏反应。如果存在任何不确定因素，最安全的做法是避免食用棘胸蛙，或者在医生或过敏专家的指导下进行尝试。在食用任何可能引起过敏的食物前，建议进行过敏测试，以确定个人对特定食物的反应性。对于已知对海鲜过敏的个体，采取预防措施和避免潜在的过敏原是保护自身健康的重要步骤。如果在食用过程中出现任何过敏症状，应立即停止食用并寻求医疗帮助。

4.1.1.2 体质虚寒者

体质虚寒者在中医理论中是指那些体内阳气不足，表现为手脚常冷、怕冷、容易感冒、消化不良、大便稀溏等症状的人群。这类人通常消化系统的功能相对较弱，脾胃功能不足，难以有效处理寒凉食物，容易导致体内寒湿加重，进而引发或加重原有的不适症状。棘胸蛙在中医中被认为性偏寒凉，因此对于体质虚寒的人来说，食用棘胸蛙可能会进一步加剧体内的寒湿状态，导致不适，如可能加重手脚冰凉、腹部冷痛、消化不良等症状。因此，体质虚寒者应当限制或避免食用棘胸蛙，特别是在天气寒冷或身体状态不佳时。对于体质虚寒者，中医通常建议选择性温或性热的食物，如姜、羊肉、桂圆、红枣等。这些食物有助于温补阳气，改善体质。同时，保持适度的运动和良好的生活习惯，如保暖、定时定量饮食，也是调养体质的重要方面。如果体质虚寒者非常想食用棘胸蛙，建议在中医师或营养专家的指导下进行，可能需要配合一些温补食材共同烹饪，以减少棘胸蛙的寒性，或是选择在温暖的季节适量食用，同时注意观察身体反应，避免过量或不当食用带来不适。在任何情况下，如果食用棘胸蛙后出现异常反应，应立即停止食用并咨询医生。

4.1.1.3 腹泻患者

腹泻患者在饮食上需要特别注意，以避免加重肠胃负担，延长腹泻的恢复期。棘胸蛙作为一种高蛋白食物，如果烹饪不当或食用过量，可能会对消化系统造成额外的压力，尤其是对于消化系统已经处于不稳定状态的腹泻患者。腹泻时，肠道黏膜可能已经受损，消化吸收能力减弱，此时应避免食用难以消化的高脂肪、高蛋白食物，以及可能刺激肠胃的食物，如辛辣、油腻或生冷的食物。棘胸蛙肉虽然营养价值高，但其高蛋白和可能的寒凉性质，对于腹泻患者而言，并不是一个理想的选择。同时，腹泻患者在饮食上应注意尽量遵循选择易消化食物、低纤维食物，多补水和电解质，温和调味，少量多餐等原则。腹泻患者可以优先选择易于消化的食物，以减轻肠胃负担，如米粥、蒸蛋、馒头，暂时避免高纤维的食物，如全谷物、坚果、种子和高纤维蔬菜，因为它们可能会刺激肠胃。腹泻会导致水分和电解质丢失，因此需要补充足够的水分和电解质，可以通过喝水、喝电解质饮料或吃含钠、钾丰富的食物来实现。避免使用刺激性强的调味品，如辣椒、大蒜、醋，这些调料可能会刺激已经敏感的肠胃。采用少量多餐的方式，避免一次性摄入过多食物，给肠胃带来额外压力。如果腹泻患者非常想食用棘胸蛙，应在腹泻完全恢复、消化系统稳定之后，且确保棘胸蛙彻底烹饪，避免生食或半生食，以免引入潜在的细菌或寄生虫。同时，初次食用应控制量，观察身体反应，确保不会引发不适。在任何情况下，如果腹泻持续或伴有严重症状，如剧烈腹痛、血便、高热，应立即就医，以免延误病情。

4.1.1.4　孕妇

孕妇在饮食上需要格外小心，以确保自己和胎儿的健康。棘胸蛙作为一道美食，其食用对于孕妇来说，应考虑寄生虫风险、细菌感染风险、营养平衡原则等。野生棘胸蛙可能携带寄生虫，如裂头蚴，这些寄生虫对孕妇尤其危险，因为它们不仅可能感染孕妇，还可能通过胎盘影响胎儿，导致不良后果。即使棘胸蛙是人工养殖的，也不能完全排除存在寄生虫的风险，尤其是如果棘胸蛙未被充分烹饪。棘胸蛙可能携带细菌，如沙门氏菌等。这些细菌如果未被彻底杀死，可能导致食物中毒，对孕妇和胎儿都有潜在的危害。孕妇的饮食应注重营养平衡，确保获取足够的蛋白质、维生素和矿物质。虽然棘胸蛙是高蛋白食物，但孕妇应确保膳食多样化，不仅依赖单一食物来源获取营养。孕妇食用棘胸蛙时，必须确保其彻底煮熟，以杀灭可能存在的寄生虫和细菌。只食用来自信誉良好、卫生条件合格的养殖场的棘胸蛙，避免食用野生捕捉的棘胸蛙。在计划食用棘胸蛙前，孕妇应咨询医生或营养专家的意见，根据个人健康状况和孕期阶段评估食用棘胸蛙的安全性。对于孕妇而言，食用棘胸蛙应当谨慎。在充分了解食物来源、确保烹饪安全的前提下，孕妇可以在医生的建议下适量食用。然而，鉴于孕期的特殊性，遵循医生的指导和注意食品安全总是最为重要的。如果孕妇在食用棘胸蛙后出现任何不适症状，如腹痛、腹泻，应立即就医。

此外，任何人在食用棘胸蛙之前，都应确保其已被彻底煮熟，以杀灭可能存在的细菌和寄生虫，避免食物中毒或其他健康问题。对于上述特定人群，建议在食用前咨询医生或营养专家的意见，以确保饮食安全。在享受美食的同时，健康和安全始终应放在首位。

4.1.2　棘胸蛙食用的注意事项

棘胸蛙属于国家的二级保护动物，因此野生棘胸蛙是不能买卖和食用的。只有养殖的棘胸蛙才可以进行买卖，若发现任何非法收购、运输、售卖野生棘胸蛙的行为，请及时向公安机关举报。那么，在进食和烹饪人工养殖的棘胸蛙时，需要注意哪些呢？

在传统医学或民间流传的食物相克理论里，棘胸蛙和鸡蛋一起食用时，有中毒的可能。棘胸蛙中含有的营养成分和鸡蛋中的营养成分在人体内会发生化学反应，产生的物质可能具有一定的毒性，虽然不会危及生命，但是可能会对人体造成一定的损伤，因此应尽量避免二者同时食用。总的来说，关于棘胸蛙和鸡蛋同食会导致中毒的说法，在科学上并没有确凿的证据。食品安全和食物处理是关键。如果食物没有妥善处理或烹饪不当，任何食物都可能成为健康风险的来源。例如，如果棘胸蛙没有彻底煮熟，可能存在细菌或寄生虫污染的风险，而未煮熟的鸡蛋也可能携带沙门氏菌等致病微生物。因此，确保食物彻底烹饪和处理得当，是预防食物中毒的关键。但为了安全起见，遵循良好的食品安全实践，确保所有食物都彻底煮熟，是避免食物中毒的普遍建议。如果你有任何健康疑虑或食物过敏史，建议在尝试新的食物组合前咨询医生或营养专家。

在传统中医里，有些食物被认为不宜同时食用，因为它们可能会在体内产生不良反应。同样地，传统医学认为棘胸蛙和茶叶一起食用的时候，可能造成中毒的现象，而且毒性较大，且目前没有已知的解毒方法，因此在食用棘胸蛙的时候，要避免饮用茶叶水和含茶类饮品。这种说法就是源于传统医学或民间传说中的食物相克理论。但是关于棘胸蛙和茶叶一起食用会导致中毒的说法，在科学上缺乏直接证据。不过，保持健康的饮食习惯，确保食物安全，以及留意个人对食物的过敏反应，对于维护个人健康仍然非常重要。如果有任何食物相关不适的症状，应及时就医。

棘胸蛙皮是否可以食用？棘胸蛙皮在理论上是可以食用的，但是否应该食用则存在争议和不同的观点。一方面，有研究指出棘胸蛙皮含有较高的钙含量，达到 248 毫克/100 克（以湿重计），这远高于其他动物性食物，因此有人认为棘胸蛙皮可以作为补钙的食物之一。然而，另一方面，考虑到棘胸蛙的生活环境——通常生活在潮湿、阴暗的地方，其皮肤上可能附着较多的细菌和寄生虫。这些微生物和寄生虫可能对人类健康构成风险。如果棘胸蛙皮没有经过适当的清洁和彻底的烹饪，食用后可能会引起健康问题。因此，虽然棘胸蛙皮从理论上讲可以食用，但出于健康安全考虑，一般不推荐食用棘胸蛙皮。如果决定食用，必须确保彻底清洗并充分烹饪，以消除可能存在的健康风险。对于担心或不喜欢吃皮的人来说，可以将皮去除后再烹饪。这样既可以避免潜在的健康问题，也能满足个人口味偏好。

一般情况下，吃棘胸蛙的禁忌包括避免过量吃、避免生吃、避免吃腐烂变质食物、避免吃未煮熟的食物。

4.1.2.1 避免过量吃

棘胸蛙具有清热利湿、凉血解毒的功效，但其性质偏寒，过量吃可能会导致体内寒气过盛，容易引起腹痛、腹泻等不适症状。

4.1.2.2 避免生吃

棘胸蛙可能携带寄生虫。如果吃棘胸蛙时没有清洗干净，也有感染的风险存在，可能会导致寄生虫感染，容易引起腹痛、腹泻等不适症状。

4.1.2.3 避免吃腐烂变质食物

如果吃的棘胸蛙已经腐烂变质，可能会存在大量的细菌。如果继续食用，可能会刺激胃肠道，引起腹痛、腹泻等不适症状。

4.1.2.4 避免吃未煮熟的食物

如果没有处理干净，可能会导致动物身上的细菌进入人体，引起不适症状。如果吃棘胸蛙后出现腹痛、腹泻等不适症状，建议患者及时到医院就诊，以免延误病情。

4.2　棘胸蛙汤膳及制作方法

棘胸蛙是主要的食用青蛙之一，因为它的肉好吃，生长快，体型大。中医认为棘胸蛙的肉味甜、咸、平和，进入肺、胃、肾经，具有健脾消积、滋补强身的功效。它通常用于消化不良，厌食和虚弱。棘胸蛙的食用方法多样，常见的包括清炖、红烧、油炸、煲汤等。其中，与药材结合的药膳尤为受欢迎，如太子棘胸蛙汤、棘胸蛙黄芪汤等，通过搭配太子参、枸杞、黄芪等药材，既增加了菜肴的风味，又提升了其滋补效果。

4.2.1　太子棘胸蛙汤

太子棘胸蛙汤是一道结合了传统中药与食材的药膳，它巧妙地融合了棘胸蛙的鲜美与多种中药材的滋补功效。以下是太子棘胸蛙汤制作方法及注意事项。

4.2.1.1　三人食用的食材准备

棘胸蛙（养殖）3 只、太子参 10 克、枸杞 10 克、麦冬 5 克、筒骨 250 克、葱 16 克、火腿肉 15 克、生姜 4 克、水 1 300 克、料酒 30 克、盐少许。

4.2.1.2　食材功效作用

① 棘胸蛙（养殖）：高蛋白，低脂肪，适合滋补。

② 太子参：补气而不燥，适合气虚体弱者。

③ 枸杞：滋肾、明目、强身。

④ 麦冬：养阴清肺，润燥生津。

⑤ 筒骨：提供胶原蛋白，增加汤的浓稠度和口感。

⑥ 火腿肉：提味增香。

⑦ 葱、姜：去腥增香。

⑧ 料酒：去腥增香，助于药材释放药性。

⑨ 盐：少许，用于调味。

4.2.1.3　制作方法及过程

① 药材预处理：先清洗并浸泡（5～10 分钟），便于药材成分的溶出。

② 熬制筒骨汤：长时间（2 小时）熬制可使筒骨中的营养成分充分释放到汤中，增加汤的营养价值。

③ 棘胸蛙处理：用盐搓洗可去腥并帮助清除表面杂质。

④ 焯水：去除血水和杂质，使汤更清澈。

⑤ 炖制：最后加入处理好的棘胸蛙和其他食材，短时间（10 分钟）炖制，保留食材的鲜美。

4.2.1.4　功效作用

太子棘胸蛙汤主要具有补益精气、抗衰老的功效，能提高免疫力、促进造血、缓解疲劳。适用于阴虚体质，如腰膝酸软、五心烦热（手心、脚心、胸口发热）的症状，以及病后体虚的恢复。

4.2.1.5　注意事项

① 不适宜人群：表实邪盛者（即身体外感风寒、湿热等邪气明显的人）不宜食用，因为此汤偏向滋补，可能阻碍邪气的排出。

② 食材来源：确保棘胸蛙及其他食材新鲜、安全，特别是棘胸蛙应选择合法养殖，避免食用野生捕捉的棘胸蛙，以防寄生虫等健康风险。

③ 食用量：适量食用，过量食用可能导致消化不良。

太子棘胸蛙汤是一道营养丰富、滋补效果显著的药膳，但应根据个人体质和健康状况合理食用。如果有慢性疾病或正在服用药物，最好在食用前咨询医生或营养专家。

4.2.2　棘胸蛙排骨汤

棘胸蛙排骨汤结合了棘胸蛙和排骨的营养与美味，是一道滋补佳肴，尤其在秋冬季节食用更为适宜。

4.2.2.1　食材准备

① 棘胸蛙：选择新鲜的养殖棘胸蛙，清除内脏和肠子，保留营养价值较高的皮。

② 排骨：选用新鲜排骨，焯水去血水，提升汤的清澈度。

③ 生姜：切片，用于去腥提香。

④ 枸杞：清洗干净，用于增加汤的滋补效果。

4.2.2.2　制作方法及过程

① 清理棘胸蛙：去除棘胸蛙的内脏和肠子，保留营养价值高的蛙皮，清洗干净后切块备用。

② 排骨预处理：排骨先焯水，去除血水和杂质，这一步对于汤的清澈和口感至关重要。

③ 煲汤：排骨与部分生姜片一起放入砂锅，加水大火烧开后转小火慢炖，其间需撇去浮沫，保持汤的清澈。

④ 加入棘胸蛙：排骨炖至汤色变白后，加入剩余的生姜片和棘胸蛙块，继续煲煮 20 分钟。

⑤ 调味与完成：最后加入枸杞和适量的盐，再煲 20 分钟后即可出锅。

4.2.2.3　注意事项

① 彻底烹饪：确保棘胸蛙彻底煮熟，以消除潜在的寄生虫和细菌风险。

② 调味品：可根据个人口味调整盐的用量，还可以尝试添加少许胡椒粉提升风味。

③ 慢炖：慢炖可以让食材的营养和味道充分融入汤中，使汤汁更加浓郁鲜美。

棘胸蛙排骨汤是一道集滋补与美味于一体的汤品，适合大多数人群食用，尤其是需要滋补身体、增强体质的时候。不过，某些特定人群，如体质虚寒者、腹泻患者、孕妇，在食用时仍需谨慎，最好在医生或营养专家的指导下适量食用。

4.2.3　棘胸蛙黄芪汤

棘胸蛙黄芪汤是一道结合了棘胸蛙与中药材黄芪的滋补汤品，具有很好的养生效果。棘胸蛙黄芪汤不仅味道鲜美，而且具有很好的滋补作用，适合气虚体弱、脾胃不佳、易疲劳的人群食用。不过，由于棘胸蛙性偏寒凉，体质虚寒者应适量食用，避免加重体内寒湿。在食用任何药膳之前，最好根据个人健康状况和体质特点，咨询医生或营养专家的建议。

4.2.3.1 食材准备

①棘胸蛙：约 600 克，选择新鲜的养殖棘胸蛙，处理干净，切块。

②黄芪：15 克，具有补气固表、利尿排毒的功效。

③枸杞：15 克，补肝肾、明目、增强免疫力。

④陈皮：1.5 克，理气健脾、燥湿化痰。

⑤姜：一小块，去腥增香。

⑥盐：适量，用于调味。

4.2.3.2 制作方法及过程

①棘胸蛙处理：将棘胸蛙清洗干净，去除内脏和杂质，切块后用开水快速焯烫，去除血水和腥味。

②煲汤：锅内加入处理好的棘胸蛙、黄芪、枸杞、陈皮和姜块，加入足量的水，水量要没过所有材料。先用大火煮沸，然后转小火慢炖大约 1 小时，让食材的营养和味道充分溶解于汤中。

③调味：煲好后，根据个人口味加入适量的盐进行调味，即可享用。

4.2.3.3 注意事项

①药材比例：黄芪、枸杞和陈皮的比例可以根据个人口味和体质适当调整。

②煲汤时间：慢炖能让汤的味道更加醇厚，食材的营养成分也会更好地溶解在汤中。

③调味时机：在汤快要煲好时加入盐，避免长时间煲煮导致盐分过分渗透，影响汤的口感。

4.2.4　猪肉蘑菇炖棘胸蛙

猪肉蘑菇炖棘胸蛙是一道结合了棘胸蛙、猪肉和蘑菇的美味佳肴，其独特的风味和丰富的营养价值深受喜爱。猪肉蘑菇炖棘胸蛙适合多数人群食用。在享受美食的同时，也应注意食材的新鲜度和烹饪的卫生安全。

4.2.4.1　食材准备

① 棘胸蛙：约 250 克，选择新鲜的养殖棘胸蛙，处理干净。

② 猪肉：100 克（肥瘦相间），切成条状，用于增加汤汁的香味和丰富口感。

③ 蘑菇：50 克（新鲜），去蒂，清洗干净，用于增添鲜美的菌菇香气。

④ 生姜：5 克，切片，去腥提香。

⑤ 葱：20 克，切成段，增加菜品的香气。

⑥ 盐：4 克，用于调味。

⑦ 鸡油：2 克，提升菜品的香味。

⑧ 味精：少许，用于调味，可选，也可用鸡精替代或不加味精、鸡精。

4.2.4.2　制作方法及过程

① 棘胸蛙处理：将棘胸蛙处理干净，去除内脏和杂质，切下爪子，洗净晾干。

② 准备食材：将猪肉切成条状，蘑菇去蒂洗净，生姜切片，葱切段。

③ 摆盘：在一个炖锅中，将猪肉放在锅底中央，上面铺一层蘑菇，棘胸蛙围绕四周摆放，这样可以让各种食材的味道相互融合。

④ 炖制：加入 250 毫升鲜汤，放入姜片、葱段，加入精盐和味精调味，用大火蒸至沸腾，然后转中小火慢炖至食材熟透、酥烂。

⑤ 收尾：炖好后，取出姜片和葱段，撒上鸡油，提升菜品的香气和光泽。

4.2.4.3　注意事项

① 炖制技巧：使用蒸汽加热，确保锅盖密封良好，以便锁住食材的原汁原味。上气后转中小火，慢炖能使食材更加入味，口感更佳。

② 调味品：调味时可依据个人口味适当调整，如减少盐的用量，增加其他香料如胡椒粉提升风味。

③ 食用注意：确保棘胸蛙彻底煮熟，以避免寄生虫和细菌的风险。

4.2.5　清炖棘胸蛙汤

清炖棘胸蛙汤以其简单而纯粹的烹饪方式，最大限度地保留了棘胸蛙的原汁原味，同时也是一种较为健康的烹饪方法。清炖棘胸蛙汤是一道简单却美味的汤品，适合追求健康饮食、喜欢品尝食材原味的人群。

4.2.5.1　食材准备

① 棘胸蛙：500 克，选择新鲜的养殖棘胸蛙，处理干净。

② 芝麻油：0.5 克，用于增香，也可用其他植物油代替。

4.2.5.2　制作方法及过程

① 棘胸蛙处理：将棘胸蛙去头，去除内脏，剥皮后切成小块。这里需要注意的是，棘胸蛙皮具有一定的营养价值，但在本做法中选择去除，主要是为了获得更细腻的口感。

② 煸炒：在煎锅中用少量芝麻油（或植物油）将棘胸蛙块轻轻煸炒一下，这一步骤可以帮助去除腥味，同时让棘胸蛙表面略微焦香，增加风味。

③ 炖制：将煸炒后的棘胸蛙块移至炖锅中，加入足量的水，水量要没过棘胸蛙块，用大火煮沸后转小火慢炖约半小时，直至棘胸蛙肉质酥软，汤汁清澈。

④ 调味：在烹饪即将结束时，加入适量的盐进行调味，确保汤品味道恰

到好处。

4.2.5.3　注意事项

① 调味时机：盐最好在烹饪接近尾声时加入，这样可以避免盐分过度渗透影响肉质的口感。

② 慢炖技巧：慢炖是制作清汤的关键，可以使汤汁更加清澈，食材的味道也更浓郁。

③ 食用注意：确保棘胸蛙彻底煮熟，避免食用未煮熟的棘胸蛙肉，以防止潜在的健康风险。

4.2.6　蒸棘胸蛙

蒸棘胸蛙是一道保留食材原味、营养丰富且烹饪方法相对简单的菜肴。蒸制的过程能最大限度地减少营养流失，同时锁住棘胸蛙的鲜美。蒸棘胸蛙是一道既能展现食材原味，又能保证营养的佳肴，适合追求健康饮食、喜欢品尝食材原汁原味的人群。在享受美食的同时，也要注意食材处理的卫生和烹饪的彻底性，以确保食用安全。

4.2.6.1　食材准备

① 棘胸蛙：500 克，选择新鲜的养殖棘胸蛙，处理干净，去内脏。

② 盐：1.5 克，用于基本调味。

③ 料酒：15 克，去腥增香。

④ 葱：适量，切段，用于提香。

⑤ 姜：适量，切片，去腥提香。

⑥ 味精：少许，用于提鲜，可选。

4.2.6.2　制作方法及过程

① 棘胸蛙处理：将处理干净的棘胸蛙切成 4 块，保持棘胸蛙形状的完整，

有利于美观和均匀受热。

② 调味腌制：将切好的棘胸蛙放入汤碗中，加入盐、料酒、葱段和姜片，用手轻轻抓拌，让棘胸蛙均匀裹上调料，腌制片刻，以去腥增香。

③ 蒸制：将调味后的棘胸蛙连同汤碗一起放入蒸锅中，盖上锅盖，用大火蒸至水开，然后转中火继续蒸约半小时，直至棘胸蛙熟透，肉质松软。

④ 出锅调味：棘胸蛙蒸熟后，可撒上少许味精提鲜（可选），即可出锅食用。

4.2.6.3 注意事项

① 蒸制时间：蒸制时间根据棘胸蛙的大小和火力大小适当调整，确保棘胸蛙彻底煮熟，避免食用未煮熟的棘胸蛙肉。

② 调味品：调味品的用量可根据个人口味调整，尤其是盐和味精的用量，应适量，避免过咸。

③ 食用注意：确保棘胸蛙来源可靠，彻底煮熟，避免食用野生棘胸蛙，以防止寄生虫和细菌的风险。食用野生棘胸蛙违反法律。

4.2.7 青椒炒棘胸蛙腿

青椒炒棘胸蛙腿是一道色香味俱佳的菜品，结合了棘胸蛙腿的鲜嫩与青椒的爽脆，非常适合喜爱重口味和追求口感层次的朋友。青椒炒棘胸蛙腿是一道口感丰富、色彩鲜艳的菜品，适合搭配米饭食用，既美味又下饭。在享受美食的同时，也要注意食材的来源和烹饪的卫生安全。

4.2.7.1 食材准备

① 棘胸蛙腿：300克，选择新鲜的养殖棘胸蛙腿，去皮去骨，切成小块。

② 青椒：200克，清洗干净，切成2厘米长的片状。

③ 葱：30克，切段，用于提香。

④ 姜：30克，切片或剁碎，去腥增香。

⑤ 大蒜：30克，切片或剁碎，增香。

⑥ 料酒：20 克，去腥增香。

⑦ 精盐：适量，用于调味。

⑧ 味精：适量，用于提鲜，可选。

⑨ 水淀粉：适量，用于勾芡，使汁液浓稠。

⑩ 植物油：适量，用于炒制。

4.2.7.2 制作方法及过程

① 蛙腿处理：将棘胸蛙腿切成 2 厘米左右的小块，用少许精盐和料酒腌制片刻，这样可以去腥并增加风味。

② 调料准备：将青葱、生姜、大蒜分别切碎，备用。

③ 勾芡汁：将精盐、味精（可选）和水淀粉混合调匀，备用。

④ 青椒处理：将青椒切成 2 厘米长的片状，清洗干净，备用。

⑤ 炒制：锅中加热适量植物油，油热后先下棘胸蛙腿快速翻炒至变色，随后加入青椒、青葱、生姜和大蒜，继续快速翻炒，使各种食材均匀受热。

⑥ 调味勾芡：当食材炒至八成熟时，倒入事先调好的勾芡汁，快速翻炒均匀，使汁液包裹在食材上，待汁液略微浓稠即可出锅。

4.2.7.3 注意事项

① 火候掌握：炒制时火候要大，快速翻炒，以保持食材的鲜嫩和青椒的爽脆。

② 调味品：调味品的量根据个人口味调整，尤其是盐和味精的用量，避免过咸或过于鲜味。

③ 食用注意：确保棘胸蛙腿彻底煮熟，避免食用未煮熟的棘胸蛙肉，以防感染寄生虫和细菌。

4.2.8 炒棘胸蛙

炒棘胸蛙是一道结合了棘胸蛙的鲜美与多种配料的快炒菜式，其特点是烹饪迅速，口感鲜香。炒棘胸蛙是一道色香味俱佳的家常菜，适合喜爱快炒菜式的朋友。

4.2.8.1 食材准备

① 棘胸蛙：两只，选择新鲜的养殖棘胸蛙，处理干净，切成块。

② 红辣椒和青椒：各一个，切丝或切块，为菜品增添颜色和辣味。

③ 洋葱：半个，切丝，增加菜品的香气。

④ 姜片：适量，用于去腥增香。

⑤ 大蒜粉：适量，增香。

⑥ 胡椒：少许，提升风味。

⑦ 白酒和生抽：用于去腥和调味。

⑧ 蚝油：少许，用于提鲜。

⑨ 盐：适量，用于调味。

4.2.8.2 制作方法及过程

① 预热锅油：锅中加入适量油，油热后加入胡椒粒，炒出香味，再加入姜片和大蒜粉炒香，为菜品打下良好的香气基础。

② 炒制棘胸蛙：加入切好的棘胸蛙块，快速翻炒，加入少量白酒和生抽，去腥并增加风味。

③ 加入辣椒：棘胸蛙变色后，加入红绿辣椒继续翻炒，使辣椒的辣味和香气与棘胸蛙充分融合。

④ 焖煮：加入少量水，盖上锅盖，让棘胸蛙和辣椒在锅中焖煮一会儿，确保棘胸蛙彻底煮熟，同时使食材更加入味。

⑤ 加入洋葱：待水分快要收干时，加入洋葱丝，快速翻炒，使洋葱散发香气。

⑥ 调味出锅：加入少许蚝油提鲜，根据个人口味加入适量的盐进行调味，炒匀后即可出锅。

4.2.8.3　注意事项

① 彻底煮熟：确保棘胸蛙彻底煮熟，以杀死可能存在的寄生虫和细菌，保障食品安全。

② 快速冷却：棘胸蛙切块后，先用开水快速焯烫，然后立即用冰水冷却，可以使肉质更加紧实，口感更佳。

4.2.9　酱味棘胸蛙锅

酱味棘胸蛙锅是一道融合了多种酱料与棘胸蛙的美味佳肴，其特点是酱香浓郁，棘胸蛙肉质鲜美。酱味棘胸蛙锅是一道酱香浓郁、风味独特的菜品，适合喜爱重口味的朋友。

4.2.9.1　食材准备

① 棘胸蛙：1 000 克，选择新鲜的养殖棘胸蛙，处理干净，切成块。

② 油：适量，用于炒制。

③ 葱：1 根，切末，用于增香。

④ 蒜：1 头，切末，增香。

⑤ 姜粉：用于腌制棘胸蛙，去腥增香。

⑥ 盐：适量，用于腌制和调味。

⑦ 胡椒：适量，提升风味。

⑧ 料酒：用于腌制棘胸蛙，去腥。

⑨ 酱油：用于调味，增加色泽。

⑩ 甜面酱：增加酱香。

⑪ 黄灯笼辣椒酱：增加辣味，提升风味。

⑫ 醋：少许，用于调味，增加层次。

4.2.9.2　制作方法及过程

① 腌制棘胸蛙：将切好的棘胸蛙块加入姜粉、盐、胡椒和料酒，搅拌均

匀，腌制 15 分钟，让棘胸蛙入味，同时去除腥味。

②准备葱蒜：将葱和蒜分别切末，备用。

③炒香葱蒜：锅中加油，油热后加入葱末和蒜末，炒出香味，为菜品打下良好的香气基础。

④炒制棘胸蛙：将腌制好的棘胸蛙倒入锅中，与葱蒜一起翻炒，使棘胸蛙表面略微焦香。

⑤调味：加入盐、酱油、甜面酱、黄灯笼辣椒酱和少许醋，翻炒均匀，让棘胸蛙块充分吸收酱料的香味。

⑥焖煮：加入少量水，盖上锅盖，用小火焖煮 20 分钟左右，直至棘胸蛙熟透，酱汁浓稠，入味。

4.2.9.3 注意事项

①彻底烹饪：确保棘胸蛙彻底煮熟，以杀死可能存在的寄生虫和细菌，保障食品安全。

②调味品：调味品的量根据个人口味调整，尤其是盐和酱料的用量，避免过咸或过于浓郁。

③火候掌握：焖煮时用小火，以保证棘胸蛙肉质的鲜嫩和酱料的充分吸收。

总之，在享用棘胸蛙这类传统认为具有药用价值的食物时，应确保其来源合法，避免对野生种群造成伤害，并遵循正确的烹饪方法，以保证食品安全。同时，对于特定健康状况的治疗，应咨询专业医疗人员的建议，不应完全依赖食物的药用功效。

第5章 黄粉虫的基础知识

黄粉虫是一种重要的养殖资源，其具有昆虫典型的四个阶段，即卵、幼虫、蛹和成虫。本章简要介绍了黄粉虫四个阶段的形态结构、黄粉虫的生活习性和生态行为。对于养殖者而言，了解黄粉虫四个阶段的形态结构、生活习性和生态行为对其养殖和管理具有重要意义。通过了解这些基础知识，可以更好地优化养殖条件，提高黄粉虫的生长效率和产量，确保其在不同环境下的健康生长。

5.1 黄粉虫的形态结构特征

黄粉虫的形态结构特征主要从黄粉虫的虫卵、幼虫、蛹、成虫四个阶段来进行阐述。

5.1.1 黄粉虫虫卵的形态结构

黄粉虫虫卵具有如下形态结构特征。

5.1.1.1 形状与大小

黄粉虫卵呈椭圆或近似圆形，直径在 1～1.5 毫米，其小巧的体型使其在孵化之前较为隐蔽，在养殖环境或饲料中难以轻易发现。

5.1.1.2 颜色

刚产出的黄粉虫卵通常呈现乳白色，并且表面平滑。随着卵内胚胎的成长,卵的颜色可能会逐渐加深,临近孵化时可能转变为浅棕色。

5.1.1.3 外壳质地

卵壳较为脆弱柔软,因此需要在处理过程中特别小心以防破裂,从而影响孵化成功率。卵壳在一定程度上起到保护胚胎的作用,防止水分过度蒸发和外部机械性损害。此外,卵壳上可能存在细微的气孔,这些气孔允许氧气进入并排出二氧化碳,以支持胚胎的呼吸作用。

5.1.1.4 附着物

在产卵过程中,雌性黄粉虫可能会分泌一种黏性的物质,使卵表面附着一层黏液。这种黏液有助于卵黏附在周围的虫粪或饲料残渣上,或是黏附于饲养容器的壁面或提供的产卵纸上,从而减少卵的移动和损失,并形成一层自然的保护屏障。这层黏液除了提供物理防护,降低捕食者发现卵的概率之外,还可能有助于维持一个适合的湿度环境,利于胚胎健康发育。

5.1.1.5 产卵行为

成年的黄粉虫在开始产卵时往往将卵排列成行,之后卵会聚集成片,但也有部分卵散布在饲料里。这种产卵方式既保证了卵之间的适当空间,有利于孵化后的幼虫分散觅食,同时也便于养殖者对卵的收集和管理。由此可见,黄粉虫的产卵方式有助于集中资源来保护后代,是其适应自然环境的一种生存策略,保证种群延续。

5.1.1.6 胚胎发育

在理想的温度和湿度条件下(如 25～30 ℃,湿度为 60%～70%),卵的孵化周期为 4～14 天。在这段时间内,卵内的胚胎经历了一系列复杂的发育过程，最终孵化成为幼虫。

对黄粉虫卵的上述形态结构的认识对于进行人工养殖时的管理至关重要，它可以帮助我们更好地控制孵化条件、监控卵的状态以及优化饲料供给和繁殖环境的布置。同时，通过了解和模拟黄粉虫产卵和胚胎发育的这些自然习性，养殖者可以更有效地提高黄粉虫的繁殖效率和幼虫的存活率。

5.1.2 黄粉虫幼虫的形态结构

黄粉虫幼虫在其生命历程中占据重要地位，其形态结构特点如下。

5.1.2.1 体型

黄粉虫幼虫呈现长圆柱形，身体较为丰满，典型的长度范围为 29～35 毫米，宽度为 5～7 毫米。幼虫的体形随着生长而延长，最终可达到约 2 厘米的长度。这种体型设计使它们能够在食物来源和生活空间中有效移动和探索。

5.1.2.2 体壁与颜色

幼虫拥有具有一定硬度的体壁，为其提供基本的保护。它们的外表光滑且富有光泽，没有明显的刚毛。幼虫的主体颜色为黄褐色，有助于在自然环境中隐藏自己。而体节间的连接处和腹部下侧则显现出较为淡雅的黄白色，这样的色彩分布可能是为了适应环境或满足某种生物学功能的需求。

5.1.2.3 体节构造

幼虫的身体由一系列明显的体节构成，没有坚硬的外骨骼，而是覆盖着一层柔软而具弹性的皮肤，即体壁。每个体节配备了一对伪足，除了最后几个体节外，这些伪足帮助幼虫进行爬行和抓握。幼虫的腿节靠近腹部末端位置有两根明显的棘刺，这些结构增强其抓握能力，便于在不同材质的表面上，如饲料颗粒或养殖箱壁面上，稳定地移动。

5.1.2.4　头部结构

头部相对较小，不甚明显，拥有咀嚼式的口器，适合咀嚼多种有机物。头部包括一对触角和一对简单的眼睛（ocelli），主要用来感知光的变化而不是形成详细的视觉。幼虫的头部有一个坚硬的外壳，颜色较深，为深褐色，这一结构保护了重要的感官和进食器官。

5.1.2.5　消化系统

幼虫具有高度发展的消化系统，能够有效地分解和吸收食物。消化系统从前端的口器延伸到后端的肛门，其中包含了长而弯曲的肠道，适用于处理各种植物性和动物性饲料。

5.1.2.6　呼吸机制

黄粉虫幼虫通过体壁上的微小开口（称为气门）来进行呼吸，这些气孔允许空气进出，实现体内气体交换。

5.1.2.7　排泄系统

幼虫利用马氏管来排除体内的氮素废物和其他代谢副产品，通过位于腹部末端的排泄孔排出体外。

5.1.2.8　生长与发育

在适当的温湿度环境下，黄粉虫幼虫会经历数次蜕皮，每次蜕皮后都会变得更大，直到达到一定的发育阶段后进入蛹期，最终羽化为成虫。由于黄粉虫幼虫具有高蛋白质含量且易于饲养，它们经常被用于动物饲料生产、有机废弃物的生物转化以及科学研究中的模型生物。

5.1.3　黄粉虫蛹的形态结构

黄粉虫蛹是其从幼虫向成虫转变的关键时期，这个阶段的形态学特征如下。

5.1.3.1　外观特征

与活动频繁的幼虫阶段相比，黄粉虫的蛹呈现出较为静止的状态，体形变得更加紧致。蛹的长度通常在 15～19 毫米，比幼虫阶段要短。蛹的颜色多为乳白色或浅黄褐色，外面包裹着一层坚硬的外壳，这层壳是由幼虫最后一次蜕皮留下的皮层形成，也被称为蛹壳。蛹的表面光滑无毛，并带有自然的光泽，体现了这一发育阶段的独特性。

5.1.3.2　结构精简

在蛹的阶段，黄粉虫失去了幼虫时期的伪足和活力十足的运动能力。蛹体几乎不动，只在羽化前会有轻微的扭动，以帮助成虫顺利破壳而出。

5.1.3.3　成虫特征的初步显现

尽管蛹看起来处于静止状态，但实际上内部正在经历重大的重组。在这个阶段，可以看到翅膀雏形的出现，标志着即将成为飞翔的成虫。蛹的鞘翅（即硬化的前翅部分）可以延伸到第三个腹部体节，这是蛹期的一个典型特征。此外，成虫的触角、腿和生殖器官等也在蛹壳内逐步形成和完善。蛹的腹部向腹面弯曲，有助于保护内部器官，并为羽化作准备。腹部的结构尤其突出，背部两侧各有一个较硬的侧刺突，增强了蛹的结构稳定性。蛹的腹部末端有一对排列成"八"字形的尖锐突起，这是识别黄粉虫蛹的一个显著标志。此外，腹部末端展示出一对不分节的乳状突起，这对突起是区分蛹性别的关键特征：雄蛹的乳突较小，端部圆形，不弯曲且基部趋于合并；而雌蛹的乳突较大且明显，端部扁平并向两侧弯曲。这些细微的结构差异为直接鉴别黄粉虫蛹的性别提供了依据。

5.1.3.4　呼吸与排泄

虽然蛹的活动减少，但仍需维持基本的生命活动，如呼吸和排泄。蛹壳上有微小的气孔，以保证氧气的摄入和二氧化碳的排出。排泄则通过体内积累的代谢废物，在成虫羽化时随同旧壳一起排出。

5.1.3.5　保护措施

蛹壳不仅提供形态转变期间的物理保护，还可能具备一定的化学防御机制，以抵抗潜在捕食者的攻击。黄粉虫的蛹期持续时间根据环境条件（如温度和湿度）的不同而有所变化，通常在几天到几周之间。经过这个阶段后，蛹壳破裂，成虫从中脱壳而出，完成了其生命循环的一个重要转变。

5.1.4　黄粉虫成虫的形态结构

黄粉虫成虫展现了典型的昆虫特征，其形态结构具体如下。

5.1.4.1　体形与颜色

黄粉虫成虫呈长椭圆形，体长通常为 12～20 毫米。体色为暗褐色或赤褐色，并点缀有许多黑色斑点，腹部颜色较淡。体表覆盖着细微的鳞片，在光照下会反射出微弱的光泽，整体无毛。

5.1.4.2　头胸部结构

头部相对较小，嵌入前胸之中，不太突出。头部配备了一对念珠状触角，由 11 个节段组成，这种触角结构有助于接收和解析环境信息。触角的最后一节较长，宽度小于长度，显示了一定程度的特化。触角的第一节和第二节加起来的长度超过第三节，而第三节长度大概是第二节的两倍，这样的比例特征有助于物种的分类鉴定。复眼是红色或红褐色的，表明黄粉虫成虫具有良好的视觉适应性，尤其是在色彩识别方面。口器为咀嚼类型，适合啃食固体食物。胸部分为前胸、中胸和后胸三个部分，每个部分各有一对腿，前胸背板发达，几乎完全覆盖了头部。

5.1.4.3　翅膀

虽然黄粉虫属于鞘翅目昆虫，但其成虫的飞行能力较弱甚至无法飞行。前翅已硬化为鞘翅，保护着下方的膜质后翅。鞘翅质地坚硬，表面有细微的刻纹或斑点。后翅为膜质，通常折叠在鞘翅之下，在大多数情况下不会展开。

5.1.4.4　腹部

腹部由多个环节组成，末端设有肛门。雌性黄粉虫的腹部末端较为圆润，而雄性的生殖器部分可能更加突出。腹部两侧有气孔（气门），用于呼吸。

5.1.4.5　足部

黄粉虫成虫有六条腿，每条腿分为基节、转节、腿节、胫节和跗节五个部分，跗节通常再细分，末端可能有爪，这有助于它们的爬行和抓握。

5.1.4.6　生殖系统

成年的黄粉虫在达到性成熟后，具备完整的生殖系统。雌性具有产卵管，用于产卵；雄性则有明显的生殖器官，用于交配。这些形态学特征使得黄粉虫能够适应多样化的环境条件，尤其在温暖且湿度较高的环境中表现出强大的生存和繁殖能力。

5.2　黄粉虫的生命周期和生活习性

5.2.1　黄粉虫的生命周期

黄粉虫是一种全变态昆虫，其生命周期涵盖卵、幼虫、蛹和成虫四个阶段，整个周期大约需要 100 天来完成，其中幼虫阶段是其中最显著的生长时期。成虫羽化后的 3~5 天进入交配期，随后在 1~2 个月达到产卵高峰，平均一只雌虫可以产卵 280~369 粒。这些卵呈椭圆形，颜色为乳白色，大小约为 1 毫米。在人工养殖环境中，四个阶段的顺利过渡需要严格的环境控制。

在黄粉虫的生命周期中，幼虫阶段是其中最显著的生长时期。为了更好地管理和观察，幼虫被分为四个年龄段：0~1 个月的小幼虫、1~2 个月的中幼虫、2~4 个月的大幼虫以及即将化蛹的老熟幼虫。整个幼虫阶段大约持续 120 天，其间幼虫会持续增长并经历多次蜕皮，最终形成适合化蛹的体型。幼虫期对环境条件和饲养方式非常敏感。

在自然条件下，黄粉虫通常一年只能完成一代的生命周期，偶尔在特定条件下可以完成两代，但在某些情况下，生命周期可能会延长至两年完成一代。例如，在北方地区，黄粉虫主要以幼虫形式度过冬季，这种越冬策略确保它们能在低温环境中存活，并在春季气温回暖时恢复生长发育。到了第二年的 4 月，黄粉虫幼虫重新活跃，结束越冬状态，这标志着新一轮生命周期的开始。进入 5 月中下旬，幼虫逐渐成熟并开始化蛹。蛹期是黄粉虫生命周期中的转变阶段，之后它们将羽化成为成虫，这体现了其完全变态的发育方式。这种较长的世代周期反映了黄粉虫对环境条件的适应策略，可能受到温度、食物供应和栖息地状况等因素的影响。

在养殖条件下，黄粉虫可以在一年内繁殖 3~4 代，没有明显的越冬停滞期，即使在冬季也能持续发育。黄粉虫最适宜的繁殖温度范围是 20~30 ℃。在较低温度（20~25 ℃）下，卵期为 7~8 天，幼虫期约 122 天，蛹期约 8 天，从卵发育到成虫的周期约为 133 天；而在较高温度（28~30 ℃）下，卵期缩短至 3~6 天，幼虫期缩短至 100 天，蛹期缩短至 6 天，整个周期缩短为约 110 天。卵在温度为 25~27 ℃时孵化速度最快，只需 3~5 天；当温度降至 25 ℃以下或高于 13.5 ℃时，卵的孵化期延长至 22~24 天；若温度低于 13 ℃，则卵几乎无法孵化。初孵化的幼虫呈乳白色，第一次蜕皮后变成黄褐色，之后每隔 4~6 天蜕皮一次，经历 14~15 次蜕皮后进入蛹阶段[58]。

黄粉虫个体发育的时间顺序非常不一致，世代之间存在显著的重叠现象。在活跃期内，卵、幼虫、蛹和成虫各个生命阶段的个体可能会同时存在。这种现象称为世代重叠，是昆虫种群生态学中的一种常见策略，有助于种群的稳定性和资源利用效率。

黄粉虫的这种生命周期模式和季节性活动不仅影响着其自然分布和数量动态，也对人工养殖条件下的管理策略提出了特定的要求。黄粉虫的生命周期信息对于养殖管理至关重要，包括环境调控、饲料配比以及生长周期的监控，这些都是确保养殖成功和提高产量的关键因素。

5.2.2　黄粉虫的生活习性

了解和掌握黄粉虫的生活习性对于黄粉虫的人工养殖、疾病防控以及品质提升至关重要。模拟其自然生态环境，可以有效地提高养殖效率和产品安全性。

5.2.2.1　黄粉虫虫卵孵化

黄粉虫的卵在 6～7 天孵化，孵化时幼虫会使用头部的力量突破卵壳。初生的幼虫体长约 2 毫米，并会以残留的卵壳为首次食物来源。

5.2.2.2　黄粉虫幼虫期的习性

化蛹前这段时间称为幼虫期。在自然条件下，幼虫生长期为 90～480 天，而在养殖的最适环境下为 85～130 天，平均 120 天，期间幼虫会经历多次蜕皮，约每 4～6 天一次，通常经历 10～15 龄。幼虫生长过程中需经历的蜕皮始于胸背缝，随后头部、胸部、足部先出，最后是腹部和尾部。蜕皮后的幼虫呈现乳白色，表皮柔软，此时它们会暂时停留在饲料表面，之后再次钻入饲料中继续生长。幼虫在 13 ℃以上的环境中即可开始摄食和活动。幼虫生长受饲料质量直接影响，合适的饲料配方能加速生长，提高养殖效率。群养环境更利于幼虫生长，通过摩擦促进其生理机能，促进其血液循环及消化能力，从而增强其活力。幼虫体长为 2.9～3.3 厘米，颜色黄褐色，偏好群居，适应干燥环境，避免高湿度和强光。黄粉虫幼虫还具有耐饥饿性的特点，其幼虫在 3～8 龄期间若停止喂食，能忍受长达 6 个月以上的饥饿。因此，北方地区自然条件下的黄粉虫繁殖在此阶段越冬。

新孵化的小幼虫虽体型微小，早期的食物消耗也不多，但及时提供饲料是非常重要的。由于新生幼虫的能量储备有限，它们需要迅速获得外部营养来促进初期的生长。如果没有及时给予足够的食物，小幼虫可能会因为饥饿而发生同类相食的情况，这种情况在其他昆虫养殖中也很常见。

小幼虫通常每隔 4～6 天蜕皮一次，蜕皮后体色会从白色变成淡黄色，这是正常的生命现象。随着蜕皮次数的增加，幼虫逐渐长大，体长可达到 6～10 毫米，宽度为 0.6～1 毫米，进而进入中幼虫阶段。

在黄粉虫的养殖过程中，1～2 个月的中幼虫阶段是成长的关键期。这一阶段，幼虫的生长发育加速，新陈代谢加强，对营养的需求大幅增加，促进了身体的快速成长。在此期间，幼虫的体重和体长会有显著增长。随着生长速度的提升，中幼虫的食物消耗量也相应增加，导致排泄物增多。良好的饲养管理需要确保食物供应充足，同时定期清除排泄物，维持养殖环境的清洁。在一个月的精心照料下，中幼虫会经历 5～8 次蜕皮，每次蜕皮都是成长的重要标志，表明它们正在向下一个生长阶段过渡。蜕皮不仅标志着身体大小的增加，也是外骨骼适应内部生长的过程。经过这些蜕皮后，中幼虫的体长可以增长到 10～20 毫米，体重平均增加到 0.07～0.15 克，显示出健康的生长趋势。

黄粉虫在幼虫期会经历多次蜕皮，通常在经历了约 8 次蜕皮后，会在两个月左右进入更大的幼虫阶段。随着进一步的成长，它们还会再经历几次蜕皮，直到完成 13～15 次蜕皮，标志着进入了老熟幼虫阶段。此时，幼虫体型达到最大，准备化蛹。在老熟幼虫阶段，其食量开始下降，这是体内为即将到来的变态做准备的迹象。随后，它们会寻找合适的地方化蛹，此阶段对环境的安静和清洁有较高的要求，以确保蛹能顺利转化。

5.2.2.3 黄粉虫化蛹与变态的习性

成熟幼虫化蛹于表层饲料上，初为乳白色，后转为淡黄色并硬化。蛹期对温湿度敏感，适宜湿度为 65%～75%，温度为 25～30 ℃。湿度过高或过低都会影响蛹的正常发育，导致死亡或成虫畸形，要么造成蛹期的过长或过短，要么增加蛹期感染疾病或死亡的可能性。如果湿度超过适宜湿度时，蛹背裂线将会出现不易开口的现象，成虫则会困死在蛹内。但如果空气湿度较小，空气太干燥，也会造成黄粉虫成虫难于脱壳，从而出现畸形或死亡。在温度和湿度适宜的条件下，大约一周（6～8 天），蛹会逐渐完成体内变化，体色转为黑色，标志着即将羽化为具有甲壳的成虫。黑色甲壳虫的出现是蛹期结束、成虫期开始的标志。特别需要注意的是，蛹容易成为成虫和幼虫的食物，轻微损伤即可致其死亡或畸形，只要蛹壁被咬出一个极小的伤口，就会导致其死亡或羽化成畸形成虫。因此需要特别注意保护，在幼虫化蛹后及时将蛹与幼虫分开，单独放置，防止蛹被虫咬的可能，确保在蛹期这个关键转化阶段成功羽化为成虫，保证更高的羽化率。

黄粉虫的蛹在 3～7 天内完成羽化，羽化过程中头部、胸部、腿和翅膀首先从蛹中伸出，接着腹部和尾巴依次展开，这反映了昆虫羽化的基本模式。羽化后的黄粉虫成虫 3～7 天后体色变深，鞘翅硬化，达到性成熟。成虫倾向于在阴暗的地方聚集并进行交配，且交配过程较长，因此在这个时期避免干扰非常重要，以提高繁殖成功率。

5.2.2.4 黄粉虫成虫的习性

黄粉虫成虫后翅退化，失去飞行能力，偏好快速爬行，喜暗怕光，黄粉虫生性好动，具有高度活跃性，昼夜都有活动现象，主要在夜间活动。黄粉虫的成虫存在自相残杀现象，尤其是在拥挤或食物不足时。养殖条件下的黄粉虫成虫羽化率达 90%以上，性别比 1:1，初羽化为乳白色，随后 2 天内硬化并转变颜色至黄褐、红褐乃至黑色，进入取食、交配和产卵阶段。黄粉虫成虫寿命一般为 50～60 天，理想条件下可长达 60～90 天。雌虫产卵高峰期出现在羽化后 10～30 天，产卵量范围广泛，从 50～680 粒不等，平均约 260 粒/头。通过优化管理、使用复合生物饲料以及维持适宜的温湿度，产卵量可提升至 580 粒以上。

5.2.2.5　黄粉虫的栖息环境

黄粉虫偏好温暖、干燥、暗藏或隐蔽的环境，常出现在谷物仓库、面粉厂等粮食储存场所。在人工养殖条件下，它们通常被饲养在通风良好、温度和湿度可控的容器中，确保环境既符合其生理需求也便于管理。

5.2.2.6　黄粉虫的温度需求

黄粉虫的最适生长温度为 25～30 ℃，低于 10 ℃活动减缓，高于 35 ℃可能会导致死亡。温度直接影响其生长发育速度和繁殖能力，因此在人工养殖过程中，常常突出强调精准温控的重要性。

5.2.2.7　黄粉虫的湿度要求

黄粉虫喜干燥，相对湿度维持在 50%～60%或 60%～70%为宜。高湿（90%）会导致幼虫在生长到 2～3 龄早亡，而湿度低于 50%则显著降低黄粉虫成虫的产卵量。同时，过高湿度会导致虫体和饲料霉变，引发疾病。这也体现了在人工养殖过程中干爽环境对黄粉虫健康养殖的必要性。

5.2.2.8　黄粉虫的饮食习惯

黄粉虫是杂食性昆虫，食性广泛，能消化多种有机物质，包括谷物、麸皮、蔬菜残渣、果皮等各种蔬菜、粮食和油料作物的副产品。但需要控制饲料含水量，最适宜生长的饲料含水量应不低于 10%。在人工养殖中，常用麦麸、玉米粉、豆饼等作为基础饲料，并适量补充蔬菜叶以提供水分。这也体现了人工养殖过程中黄粉虫饮食管理的灵活性。在食物短缺时，黄粉虫会出现同类相残的现象，这包括幼虫和成虫之间的相互蚕食。

5.2.2.9 黄粉虫的繁殖特点

雌性黄粉虫一生中能产卵数百至数千枚，卵期为 4～19 天，幼虫期较长，可从几周到几个月不等，具体取决于环境条件。幼虫经过几次蜕皮后变为蛹，蛹期 7～21 天，最后羽化为成虫。成虫寿命为 3～6 个月。这表明在人工养殖过程中黄粉虫在适宜条件下能够迅速扩大种群规模。

5.2.2.10 黄粉虫的社会行为

黄粉虫没有明显的社会结构，但在密集养殖条件下，虫体之间会有一定的堆叠现象，出现群集性，有助于保持适宜的微环境。该虫不论幼虫还是成虫，均为集群生活，且在集群生活条件下，黄粉虫生长发育和繁殖得更好。这种群集性就为高密度工厂化养殖提供了可能。

5.2.2.11 黄粉虫的躲避习性

黄粉虫有较强的避光性，喜欢隐藏在食物残渣或饲养容器的角落。在光线较强的情况下，它们活动减少，更倾向于夜间活动。同时，其避光性提示在人工养殖时应考虑适当的遮光措施，促进其自然活动模式。

整体来看，黄粉虫的养殖成功依赖于对其生命周期和生活习性的深入了解和精确模拟，包括创造适宜的温湿度条件、提供丰富多样的食物来源，以及尊重其天然的躲避和活动习性。通过科学管理，不仅能够提高养殖效率，还能确保黄粉虫产品的质量和安全。总之，黄粉虫的生命周期管理需关注不同阶段的特定需求，尤其是温度和湿度的调控，这对于提高繁殖效率、幼虫生长速度，以及蛹的成功羽化至关重要。

第6章　黄粉虫的养殖技术

在探索可持续农业和生态循环的今天，黄粉虫作为一种高效转化有机废弃物的昆虫，正逐渐成为养殖领域的"明星"。黄粉虫不仅能够将农业副产品转化为高质量的蛋白质资源，而且其本身也富含蛋白质和必需氨基酸，是动物饲料和人类食品的宝贵原料。

本章将深入探讨黄粉虫的养殖技术，从养殖场地的选择、养殖设施的搭建、适宜的环境条件，到种虫选择、饲料的准备，以及养殖管理措施。

6.1　黄粉虫的简要介绍

黄粉虫（Tenebrio molitor），又名黄粉甲或面包虫，属于节肢动物门、昆虫纲、鞘翅目、拟步甲科下的物种。最初，这种昆虫在俄罗斯高纬度区域被发现，由于常出现在谷物储存地，历史上曾被视为粮食安全的威胁。然而，随着对其价值的深入理解，黄粉虫从一种农业害虫转变为重要的养殖资源。

在昆虫养殖领域，黄粉虫占据着不可或缺的地位。经过长时间的人工驯化与养殖，它已经成为仅次于家蚕和蜜蜂的第三大养殖昆虫。黄粉虫因其富含高蛋白、氨基酸、复合碳水化合物、维生素和矿物质而备受关注。它在特种水产养殖、家禽养殖及宠物食品产业中，如作为棘胸蛙、蜘蛛、蜈蚣、蝎子、蛇、家禽、家畜、观赏鸟和龟的优质饲料来源，发挥着重要作用。黄粉虫养殖成本低、繁殖快、适应性强且管理简单，因此在全球范围内广受欢迎。

黄粉虫的排泄物同样是一种宝贵资源。这些排泄物干燥、无臭、易于储存，且能快速分解，其营养价值甚至超过了传统家畜粪便，含有更多的微量元素。此外，黄粉虫养殖还具有环保意义，因为它们能够有效消耗有机废弃物并将其转化为高质量的蛋白质资源，有利于循环经济的构建，符合全球可持续发展的方向。

随着现代生物技术的进步，黄粉虫的应用领域不断扩展，从传统的饲料用途扩展到人类健康产品和生物制品的高端领域。黄粉虫提取物被开发成营养补充剂，以满足消费者对天然高效补充剂的需求。这些补充剂可能包含通过生物技术处理的蛋白质、氨基酸和其他有益健康的生物活性物质，有助于增强人体免疫系统。黄粉虫体内的生物活性成分也被用于制药研究，如黄粉虫干粉或其提取液在临床试验中表现出抗疲劳、抗氧化（延缓衰老）以及调节血脂（降低血清胆固醇）的功效，这些特性使其成为新药研发的热门候选材料。

黄粉虫的外壳主要由几丁质组成，这是一种天然的生物聚合物，具有优良的生物相容性和可降解性。通过现代生物技术，几丁质可以被加工成各种产品，如生物医学材料、美容化妆品成分以及健康产品。几丁质及其衍生物因其保湿和修复皮肤屏障的功能而在美容行业中受到重视。

综上所述，黄粉虫不仅在传统农业中扮演着重要角色，而且在可持续发展、资源循环利用以及生物医药和美容产品的开发方面展现了巨大潜力。

6.2　黄粉虫的养殖场地和设施

6.2.1　黄粉虫养殖场地的选择

黄粉虫养殖场地的选择和设置是确保养殖成功的关键因素之一。以下是对场地选择的一些建议和注意事项。

6.2.1.1　地理位置与基础设施

（1）电源与交通便利性

养虫场应位于稳定电力供应的地方，确保诸如恒温箱和照明设备等设施的正常运转。同时，考虑饲料的输入和黄粉虫及其产品的输出，选择交通便利的地点将有助于降低物流成本，提高运营效率。

（2）邻近饲料资源

如果条件允许，养虫场最好靠近饲料生产基地。这不仅可以缩短饲料供应链，确保饲料的新鲜度，还有助于实施有机循环农业模式，利用黄粉虫的排泄物作为天然肥料返回农田。

（3）远离污染

考虑黄粉虫对环境敏感，应避免选择有强烈气味、噪声或污染源的区域作为养殖地点。

（4）环境安静

选择安静的养殖场位置，便于管理。

6.2.1.2 养虫室设计

（1）朝向与布局

养虫室的设计应该考虑朝向问题，通常坐北朝南的布局有助于自然采光和通风，有助于调控室内温度和湿度，保持室内温暖，促进黄粉虫的生长发育，从而减少能源消耗。同时，利用自然光照可以减少人工照明的成本。室内空间应当合理分配，将种虫室与幼虫室分开，以减少交叉感染风险，并促进不同生长阶段黄粉虫的最佳生长。

（2）地面材料

建议使用水泥地面，因为这样的地面易于清洁和消毒，有助于控制病虫害的发生，并且便于维护室内环境的整洁。

6.2.1.3 环境控制设施

（1）通风与控温

养虫室需要有良好的通风系统以保持空气流通，预防霉菌的生长。控温设备也是必需的，以确保室内温度维持在黄粉虫最适宜生长的温度区间内，特别是对于温度更加敏感的种虫室。

（2）湿度与遮光

应安装湿度调节装置来维持室内相对湿度在 50%～70%的范围，因为湿度水平对黄粉虫的健康至关重要。另外，由于黄粉虫倾向于生活在较暗的环境中，因此遮光设施不可或缺，可以通过遮阳网或窗帘来调节光照强度。

6.2.1.4　安全与隔离

为了防止外部病虫害的侵入，养虫室需要采取一定的隔离措施，例如在入口处设立缓冲区，并要求工作人员进入时更换衣物和鞋子，以减少交叉污染的可能性。

总之，黄粉虫养殖场的选址与设计应综合考虑地理条件、基础设施建设、环境控制以及生物安全保障等因素，以创造一个既高效又健康的养殖环境。

6.2.2　黄粉虫的养殖设施

黄粉虫养殖作为一种环保且高效的生产模式，近年来受到了越来越多的关注。建立科学合理的养殖设施是实现黄粉虫养殖成功的重要前提。以下是黄粉虫养殖设施指南，旨在帮助养殖户达成高产、高效和安全的养殖目标。

6.2.2.1　环境改造

（1）防逃逸措施

所有门窗应安装细密的纱网，作为必要的物理隔离手段，防止成虫逃逸，同时也能阻挡外部天敌（如蜘蛛、蚂蚁、蟑螂、壁虎和老鼠）进入养殖区域，保障养殖的安全性。

（2）隔离区设置

应设立独立的隔离区，用于新引进虫种的检疫，以防止外来病虫害的传播。

6.2.2.2　养殖设施设计

（1）小规模养殖设施

黄粉虫养殖设施的设计需要综合考虑实用性、经济性和生物安全性。对于初次尝试或资源有限的养殖者，可以先从简易设施起步。

① 容器选择：可以使用塑料盆、陶瓷缸、木箱或纸盒等容器。确保容器内壁光滑无棱角，以减少黄粉虫逃脱的可能性。

② 通风透气：容器顶部应覆盖纱布或网孔较小的盖子，确保空气流通的同时防止昆虫逃逸。可使用透气性好的木框筛具替代不透气的塑料容器，以减少底部积水和促进空气流通，同时避免虫体窒息死亡。

③ 垫材铺设：在容器底部铺设一层麦麸或玉米芯，作为黄粉虫的食物和活动介质。

（2）大规模养殖设施

① 立体养殖架：为提高空间利用率，大规模养殖推荐采用立体养殖方式。在房间内搭建金属或木质框架，形成多层养殖空间。每层之间的间隔约为 0.5 米，便于管理和观察。

② 标准化养殖箱：制作统一规格的养殖箱，建议尺寸为长 0.6 米、宽 0.45 米、高 0.15 米。这样的尺寸便于管理和维护，同时保证足够的养殖密度，每个箱体大约可容纳幼虫 1 万只。箱体材料宜选择无毒、耐腐蚀的塑料或不锈钢。

③ 箱底处理：箱底铺设一层厚度适中的塑料薄膜，并密封边缘，既可以防止箱内湿度直接渗透到地面，又便于清洁和消毒，保持环境清洁。下方设置集水盘，便于收集和处理渗水。

④ 架设与管理：将养殖箱稳固地放置于框架之上，确保空气流通且易于观察和维护。立体布局增加了单位面积的养殖量，提高了养殖效率。

⑤ 温度与湿度控制：配备加热灯、风扇等设备，保持室内温度在 25～30 ℃之间，相对湿度维持在 50%～60%。

以上设计可以为黄粉虫提供一个适宜且高效的生长环境，为实现养殖的规模化和效益最大化奠定基础。

6.3　黄粉虫的养殖技术简介

黄粉虫的养殖管理是提高其养殖效率和经济价值的关键环节。以下是黄粉虫养殖管理的技术要点。

6.3.1　黄粉虫养殖的适宜环境条件

黄粉虫养殖的理想温度范围为 20～30 ℃，最适温度约为 25～27 ℃，相对湿度保持在 60%～70%。高温和高湿环境下，繁殖周期会缩短，但过高的湿度会导致幼虫死亡率增加。研究表明，黄粉虫在较低（低于 5 ℃）和较高（高于 35 ℃）的温度下，其存活率显著低于在 25 ℃时的水平。当温度降至 10 ℃以下，黄粉虫的活动大幅减少，几乎不进食，而一旦温度降到 0 ℃以下，存在被冻死的风险。尽管它们能够在 0 ℃以上的环境中安全越冬，但活性极低，生长发育近乎停滞。超过 35 ℃的高温环境对黄粉虫构成威胁，可能导致热死现象。因此，夏季或高温环境下需要特别注意通风降温，避免因高温引起的死亡。因此，极端温度条件不利于黄粉虫的生存。有研究表明黄粉虫在高温和低温下的致死原因与其体内保护酶系统的超氧化物歧化酶、过氧化氢酶和过氧化物酶等的活性破坏密切相关，暗示这些酶在维持生物体对抗环境压力中扮演着关键角色。研究结果显示，黄粉虫的适宜生存温度范围为 5～35 ℃，其中最适温度区间为 25～30 ℃，在此温度区间黄粉虫的生理机能和生存状态最佳[59]。由此可见，控制养殖环境温度在黄粉虫的最适温区内，可以有效保障其生长繁殖，减少因温度不当导致的死亡和生理机能受损。特别是在商业化养殖中，通过调节环境温度至 25～30 ℃，可最大化提高黄粉虫的产量和品质，同时降低疾病发生的风险，这对于黄粉虫的养殖具有实践指导意义。

6.3.1.1 黄粉虫的最适繁殖温度和湿度

黄粉虫的繁殖对温度和湿度有特定的要求，以确保其最佳的生长和繁殖状态。以下是最适繁殖温度和湿度的综合信息。

（1）最适温度

① 卵：最适温度范围为 19～26 ℃。

② 幼虫：最适温度范围为 25～29 ℃。

③ 蛹：最适温度范围为 26～30 ℃。

④ 成虫：最适温度范围为 26～28 ℃。

（2）最适湿度

① 卵：最适湿度范围为 78%～85%。

② 幼虫和蛹：最适湿度范围为 65%～75%。

③ 成虫：最适湿度范围为 55%～75%。

然而，湿度的要求并不是一成不变的，有的研究指出幼虫和蛹的最适湿度为 50%～85%，这表明黄粉虫对湿度的适应范围比较宽泛，但最理想的是保持在上述区间内。

6.3.1.2 黄粉虫受温度湿度变化的影响

黄粉虫在各个生长阶段对湿度都有一定的要求，但如果要指出哪个阶段对湿度要求最为严格，通常是蛹期。蛹是黄粉虫一生中最为脆弱的阶段，对温、湿度的要求较为严格。蛹期适宜的相对湿度范围大致为 50%～70%，温度则宜保持在 25～30 ℃。在这个阶段，如果湿度不当，不仅可能造成蛹期的过长或过短，还可能增加蛹期感染疾病的风险，从而导致死亡率上升。湿度过高或过低都会影响蛹的正常发育和存活率，因此在人工养殖时，对蛹期的湿度控制需要特别注意，以确保高成功率的羽化为成虫。

值得注意的是，温度和湿度超出最适范围可能会导致黄粉虫生长缓慢、繁殖力下降，甚至增加疾病风险。例如，当空气湿度超过 85%时，黄粉虫生长发育会减慢，且更容易患病，尤其是成虫阶段。若温度和湿度超出各态的适宜范围，黄粉虫的各态死亡率较高。另外，在特别干燥的环境下（即湿度远低于适宜范围），黄粉虫尤其是成虫可能会出现互相蚕食的行为。这种现象可能是由于干燥环境增加了它们的应激反应，或是为了争夺有限的水分资源。所以，保持适宜的湿度不仅对黄粉虫的直接健康至关重要，也是防止不良行为发生的关键。由此可见，在养殖黄粉虫时维持稳定的环境条件的重要性。如夏季气温高，水分易蒸发，可在地面上洒水，降低温度，增加湿度。而在梅雨季节，因湿度过大，饲料易发霉，应开窗通风。冬季天气寒冷，应关闭门窗在室内加温。温度也可以通过加温或降温设备调节，而湿度则可以通过通风、加湿或除湿等方式来控制。在实际操作中，可能需要根据季节变化和具体养殖环境调整这些参数，以确保黄粉虫的健康生长和繁殖。

当然，相对来说，黄粉虫对湿度的适应范围较宽，在相对湿度40%～90%时黄粉虫各态生长发育良好。最适相对湿度成虫、卵为55%～85%，幼虫和蛹为65%～85%。空气干燥，影响生长和蜕皮。黄粉虫蜕皮时从背部裂开一道口子，这条线为蜕裂线，许多幼虫或蛹的蜕裂线因干燥打不开，而无法蜕皮，使其不能正常生长，逐渐衰老死亡，有的因不能完全从老皮中蜕出而呈残疾。

湿度过高时，比如湿度达到100%时，卵能孵化，但是幼虫只能发育到5～6龄，且绝大多数在2～3龄时死亡；同时饲料与虫粪混在一起易发生霉变，使虫子得病。湿度过低时，卵的孵化率明显下降，蛹羽化出的成虫 畸形率较高，这种畸形成虫的翅不能展开，不能交配，且早死。

所以保持一定的湿度，随时补充适量含水饲料（如菜叶、果皮）是十分必要的。在相同湿度环境下保持温度的稳定，对黄粉虫成长、交配、产卵及寿命都是十分重要的。黄粉虫有耐干旱的习性，但正常的生理活动没有水分是不能进行的。

6.3.1.3 黄粉虫从外界获得水分的方式

① 从食物中取得水分，因此必须经常投以瓜皮、果皮、蔬菜叶。

② 从空气湿度中通过表皮吸收水分，若在南方炎热季节要在饲养盒中喷少许水滴，以造成湿润小气候。

③ 黄粉虫从体内物质转化亦可获得水分，因有机物质的最终氧化都能产生水分，即取食含水量多的食物，虫体含水量就高；取食含水量少的食物，虫体含水量就低。幼虫阶段可适量添加水分含量适中的蔬菜叶或瓜果皮，但避免过湿以防病害。

黄粉虫体内的水分主要来源于含水量大的青饲料和多汁饲料。湿度对黄粉虫发育速度的影响远不如温度明显，主要是因为其本身有一定的调节能力，所以湿度过高或过低而且持续一段时间，其影响才比较明显。

黄粉虫不怕干燥，能在含水量低于 10%的饲料中生存，但湿度太低时体内水分过分蒸发，因而生长发育慢，体重减轻，饲料利用率低，所以最适宜的饲料含水量为 15%，室内空气湿度为 70%，但当饲料含水量达 18%以上和室内空气湿度 85%以上时，黄粉虫不但生长发育减慢，而且容易生病，尤其是成虫会因潮湿而生病死亡。

6.3.1.4 维持黄粉虫室内养殖环境最佳湿度的措施

在室内环境中维持黄粉虫的最佳湿度，主要通过以下几个步骤和方法来实现。

① 监测湿度：首先，使用湿度计定期监测养殖房内的湿度，确保其维持在黄粉虫适宜的范围内，即大约 65%～75%。对于不同生长阶段的黄粉虫，湿度要求略有不同，但总体上保持在这个区间较为适宜。

② 通风调节：合理安排通风，既可降低过高湿度，也能确保空气流通，减少疾病发生。在湿度较高的季节或时段，增加通风次数，利用排风扇或开窗等方式排出湿气，但要避免直吹导致温度骤降。

③ 加湿或除湿：根据需要使用加湿器或除湿机来调节室内湿度。在干燥季节或地区，可以使用加湿器增加空气湿度；相反，如果湿度过高，则应使用除湿机降低湿度。

④ 基质管理：黄粉虫生活的基质（如麦麸、锯末）也会吸收和释放水分，影响环境湿度。定期检查并调整基质的湿度，必要时更换或晾晒潮湿的基质，保持基质干燥且适宜。

⑤ 喷雾增湿：在干燥天气，可以通过轻轻喷雾的方式增加养殖箱内的湿度，但要注意避免直接喷在虫体上，以免造成积水和细菌滋生。

⑥ 水源管理：虽然黄粉虫可以从食物中获取部分水分，但也可以在养殖箱一角放置一个浅水盘供成虫饮用，并确保水盘不会溢出，增加环境湿度。

⑦ 环境隔离：确保养殖房与外界湿度大的区域隔离开，比如避免直接与浴室、厨房等湿气重的房间相邻，减少外界湿气对养殖环境的影响。通过上述措施的综合运用，可以有效地控制室内环境，为黄粉虫创造一个湿度适宜的生活和繁殖条件。

6.3.2　黄粉虫的种虫选择

昆虫体色分化是自然界中的一种普遍现象。黄粉虫种内性状分化较大，也有两种典型的色型，一种为黄色黄粉虫，另一种为黑色黄粉虫。黄色型黄粉虫表现为金黄色幼虫和黄褐色成虫，而黑色型黄粉虫则为黑褐色幼虫和黑色成虫。黄粉虫可以孤雌生殖，但是产卵量非常低，每只黄粉虫成虫仅可以产 28～40 粒卵。而雌雄配对则可以大大提高黄粉虫雌成虫的产卵量，并且群配雌成虫的产卵量远远高于单配雌成虫的产卵量。由此可以得出，黄粉虫的养殖宜采用群养群配的方式。此外，黄色型黄粉虫成虫和黑色型黄粉成虫的繁殖能力存在一定差异，文献表明在群配条件的下，黄色型黄粉虫雌成虫的平均产卵量显著高于黑色型黄粉虫雌成虫的平均产卵量[60]，所以一般均会选用黄色型黄粉虫进行繁殖。

通常推荐选用 8 龄老熟幼虫作为种虫，因其生命力强，繁殖能力强。挑选标准包括个体大小均匀、活力旺盛、体表光滑无损伤、色泽正常等。同时，适应当地气候的种虫能更好地进行繁殖。

6.3.3　黄粉虫养殖的饲料与营养

饲料的种类和质量直接影响黄粉虫的生长繁殖。应选择营养均衡的人工饲料，如麦麸、玉米粉、豆饼粉，以及适量的青绿饲料，以促进产卵量和提高卵的孵化率。不同的饲料配方会影响产卵量和幼虫生长速度。

为了优化黄粉虫的养殖效益，特别是提高其产卵量和卵的孵化率，饲料与营养管理是关键因素之一。

6.3.3.1　蛋白质与氨基酸平衡

（1）蛋白质

蛋白质是黄粉虫生长发育和繁殖的基础营养素。研究表明，饲料中蛋白质含量对黄粉虫的产卵量有显著影响。适量增加蛋白质水平能显著提高雌虫的产卵量和卵的孵化率。一般推荐的蛋白质水平在 15%～25%之间，过高或过低都会产生不利影响。

（2）氨基酸

氨基酸平衡同样重要，尤其是必需氨基酸，如赖氨酸、蛋氨酸等，它们对黄粉虫的生殖性能有直接影响。不均衡的氨基酸供给可能限制产卵性能和卵的品质。

（3）黄粉虫不同各阶段对蛋白质的需求

① 初龄幼虫和青年幼虫阶段：在这个阶段，黄粉虫生长迅速，新陈代谢旺盛，对蛋白质的需求较高。蛋白质是构建虫体组织和维持生命活动的基础，因此，富含蛋白质的饲料有助于促进幼虫的快速成长。此阶段的饲料应着重提供高质量的蛋白质来源，以支持其快速增长的需求。

② 老熟幼虫和蛹阶段：随着黄粉虫接近成熟，其生长速度放缓，体内开始积累脂肪以备蛹化和成虫阶段的能量消耗。这时，它们对蛋白质的需求相对降低，而脂肪的需求增加。因此，这一阶段的饲料可以适当调整，减少蛋白质比例，增加能量密度较高的成分，以满足其能量存储的需要。

③ 成虫阶段：成虫的主要生理功能转向繁殖，虽然对蛋白质的需求依然重要，但相比幼虫期有所下降。成虫饲料应保证足够的蛋白质来支持产卵和维持生殖健康，同时也要注意营养平衡，确保成虫的长期健康和寿命。

6.3.3.2　糖类与脂肪

（1）糖类

作为能量的主要来源，适宜比例的碳水化合物有助于黄粉虫的能量代谢，进而影响产卵量。但是，高糖饮食可能降低产卵量，因此需要合理控制。研究表明 10%葡萄糖和 10%蔗糖的补充方案因性价比高，适合作为生产实践中的营养强化手段[61]。

（2）脂肪

适量的脂肪对提高黄粉虫的繁殖性能也是必要的，但过量会导致体重增加而降低产卵效率。

6.3.3.3　微量元素与维生素

微量元素（如铜、锌、铁）和维生素（如维生素 E、维生素 B 群）对黄粉虫的生殖健康至关重要。缺乏这些营养素可能导致产卵量减少和卵孵化率下降。

6.3.3.4　纤维素

适量的纤维素有助于维持黄粉虫肠道健康，间接影响其整体生理状态和繁殖性能。但过高纤维会影响营养物质的吸收，降低产卵量。

6.3.3.5　饲料原料多样性

使用多种饲料原料可以提供更全面的营养，有助于满足黄粉虫不同生长阶段的需求，包括产卵期所需的特殊营养。例如，麦麸、玉米粉、豆粕、蔬菜废弃物等都是常用的饲料原料。文献已报道了甘肃利用蔬菜尾菜进行黄粉虫养殖的技术，该技术优化废弃蔬菜资源利用，解决了尾菜的清洁生产、发展循环经济及解决其污染等问题，一定程度降低了黄粉虫养殖成本。该技术首先需细致筛选剔除其中的石子、塑料包装等杂质。随后，采用专业的蔬菜打浆设备，将这些原本丢弃的蔬菜加工成直径为 0.5～1.5 厘米的小碎块。这些碎块的含水量极高，通常占总质量的 85%～95%。为了制作适宜黄粉虫食用的饲料，选取碎菜中大约 70%～80% 的比例，再混入 20%～30% 的麦麸，以此配比均匀混合，制备成营养均衡的基础饲料，存储备用。经过科学检测，这种特制的黄粉虫饲料营养丰富，粗蛋白含量达到了 46%～58%，粗纤维含量适中，介于 2%～26% 之间，而粗脂肪比例为 4%～6%，确保了黄粉虫生长所需的能量供应，同时粗灰分含量在 10%～16%，符合健康饲养的标准。在食品安全层面，针对尾菜中可能残存的农药与重金属问题，严格遵守国务院《农药管理条例》及相关标准进行监控。这一系列操作不仅有效解决了废弃蔬菜的处理难题，还促进了资源的循环利用，同时确保了黄粉虫饲料的安全性和高质量，为黄粉虫养殖业的可持续发展提供了有力支持[58]。

6.3.3.6 蜂王浆的添加

蜂王浆具有增强繁殖能力、提高免疫力、促进生长发育、改善饲料适口性、补充特殊营养素等作用。研究表明蜂王浆的补充促使黄粉虫产卵速度加快，孵化率提升，每日及总产卵量均有显著增长[61]。

6.3.4 黄粉虫养殖管理措施

黄粉虫养殖管理包括适时分筛，将不同龄期的幼虫分开饲养，避免大小差异引起的相互蚕食。定期清理饲养盒，保持环境清洁等，以预防疾病发生。以下是黄粉虫不同阶段的养殖管理措施。

6.3.4.1 黄粉虫产卵管理

（1）雌虫产卵适宜的时间段

雌虫寿命为 1～3 个月，产卵量在产卵后半月开始减少，之后可考虑淘汰。

黄金产卵期位于羽化后的第 10～55 天，期间孵化率高达 94.29%，显示出此阶段是黄粉虫繁殖力最旺盛的时期。明确黄粉虫的最佳产卵时段，为黄粉虫的人工养殖提供了重要的饲养策略和营养管理依据[62]。

（2）雌虫排卵隔离

为了防止成虫误食卵粒，保护卵粒，应在雌虫排卵时使用网纱或筛盘进行隔离。这样既保护了卵的安全，也便于后续对卵和幼虫的管理。雌虫产卵时，尾部通常会插入筛盘孔隙中，因此当发现筛盘底部积累了一层卵粒时，是更换产卵盘的信号。更换时需将成虫筛出并转移至新的、装有充足饲料的盘中，同时清除死虫，保持环境清洁。

6.3.4.2 黄粉虫虫卵的收集与孵化

（1）筛卵与转移

在成虫产卵后 7 天左右进行第一次筛卵，移除饲料和其他杂质，确保卵的纯净，然后将接卵纸连同卵一起转移到孵化箱中。

（2）孵化条件

孵化箱提供适宜的孵化环境，包括透气性、适当的温湿度，并在必要时覆盖菜叶保持湿度，以防干燥。

（3）分层管理

为了高效利用空间和资源，孵化箱内卵盆分层堆放，并用木条隔开以确保空气流通。

6.3.4.3 黄粉虫孵化管理

在黄粉虫的人工养殖过程中，孵化与初期管理是确保种群健康增长的关键步骤。

（1）盛卵盘的处理

将含有卵的盘放置于适宜的孵化环境中，通常需要保持恒定的温度和湿度。这种自然孵化的方式减少了人为干预，有助于保持卵的自然孵化率。

（2）减少干扰

孵化期间尽量避免翻动孵化盘，注意观察孵化盘，切记不宜翻动。因为剧烈的移动可能会导致卵壳破损，伤害到正在孵化中的幼虫，甚至直接导致孵化失败。

（3）孵化温度与时间

卵在较低温的 10～20 ℃ 区间孵化需要 20～25 天；而在较为温暖的 25～30 ℃ 范围内，孵化时间显著缩短至 4～7 天。快速孵化不仅能提高生产效率，还能减少在卵期可能遇到的病害风险。因此，为了优化黄粉虫的养殖效率，特别是在希望加快卵孵化周期的情况下，维持一个温暖稳定的室内环境是关键。这通常意味着需要采用加热设备或温室技术来确保冬季或冷凉季节中的温度不低于 25 ℃，同时在夏季采取降温措施防止高温危害。通过这样的温度管理，可以有效促进黄粉虫的快速繁殖和健康成长。

（4）观察与监测

当注意到饲料表层开始出现幼虫脱下的皮时，这标志着 1 龄幼虫已经孵化完成，并开始了初次蜕皮。这是幼虫出现的标志，这要求养殖者要细心观察，以便及时调整饲料和管理措施。

6.3.4.4 黄粉虫幼虫管理

（1）保证营养

提供充足且新鲜的饲料，确保幼虫出生后即可获得营养，促进其快速生长。幼虫阶段可适量添加水分含量适中的蔬菜叶或瓜果皮。

（2）幼虫初期喂养时机

新孵化的幼虫因体内能量储备有限，需要迅速获取外部营养，如未能及时提供充足的饲料，小幼虫可能会因饥饿而出现"自相残杀"的现象。为避免此种情况的出现，养殖者应当在幼虫孵化后的第一时间准备好适宜的饲料，通常是易于消化且营养均衡的食物，而且应将孵化区域与成长中的幼虫分开，确保新生幼虫有一个安全的环境开始进食。孵化后 7～9 天，当幼虫通过第一次蜕皮，体长达 0.5 厘米以上时，开始添加麦麸、玉米粉或适量鲜菜作为饲料。这确保幼虫能够摄取到足够的营养来支持其快速生长。麦麸不仅是主要食物来源，也是幼虫栖息的介质。保持麦麸的自然温度有助于幼虫在不同温度条件下自然分布，高温时靠近表层，低温时则深入饲料下层。

（3）适时分盘

随着幼虫的成长，须根据密度适时分盘，以保证每只幼虫都有足够的空间和食物资源。

（4）幼虫初期饲养密度控制

每个盘中幼虫的投放量应控制在 1 千克左右，避免密度过大导致的竞争压力，如饲料争夺和空间拥挤，进而引起的自相残杀现象。饲料层厚度维持在 5 厘米以内，随着幼虫消耗，需定期筛除虫粪并补给新饲料。1～2 龄幼虫筛粪时使用 60 目筛网，以防幼虫掉落损失。

（5）控制光照

黄粉虫幼虫养殖室内应尽可能黑暗或仅有散弱光照。

（6）观察记录

定期观察幼虫的生长状态及饲料消耗情况，及时调整管理措施，包括饲料添加、环境调整和疾病监控等，及时补充饲料，避免出现食物短缺。

6.3.4.5 黄粉虫蛹期管理

（1）同步羽化管理

挑蛹时将在 2 天内化的蛹放在盛有饲料的同一筛盘中，坚持同步繁殖，集中羽化为成虫。挑蛹时，动作要轻柔，避免损伤，且应尽量减少对蛹的干扰，以免影响其正常发育。由于采取同步挑蛹羽化的方式，能够在较短的时间内实现所有蛹的羽化，便于集中管理、保护和观察。如果幼虫向蛹转化的时间各不相同，这种时间差可能导致蛹与未完全化蛹的幼虫共存，增加了蛹被伤害的风险，因为化蛹初期的蛹较为脆弱，尤其是胸腹部可能被咬伤，严重时内脏被食，留下空壳。这就是同步羽化管理的重要性。通过集中同步羽化，可以有效提升蛹到成虫阶段的存活率，促进种群的健康繁殖，确保产量和质量。新羽化的成虫初期较为脆弱，活动能力弱，需给予适当静置时间以便其适应新阶段。

（2）蛹期观察

幼虫个体间均有差异，表现在化蛹时间的先后，个体能力的强弱。刚化成蛹与幼虫混在一个木盘中生活蛹容易被幼虫在胸、腹部咬伤，吃掉内脏而成为空壳；有的蛹在化蛹过程中受病毒感染，化蛹后成为死蛹，这需要经常检查。因为这不仅影响产量，还可能成为病原体传播的源头。

（3）蛹期病毒感染处理

若蛹在化蛹过程中受病毒感染而成为死蛹，发现这种情况可用 0.3%漂白粉溶液喷雾空间，以消毒灭菌，控制病菌传播。注意控制漂白粉溶液的浓度，若过高可能对存活个体造成伤害，而过低则起不到有效消毒作用。同时将死蛹及时挑出处理掉，避免病原体扩散，保持养殖环境的卫生。

（4）禁止室内吸烟

烟草烟雾中含有多种有害化学物质，这些成分对黄粉虫的呼吸系统和整体健康有负面影响，可能导致蛹期死亡率增加或发育异常。

（5）避免农药和卫生化学药品的使用

化学药品，包括农药和消毒剂，往往含有强烈毒性，即使微量也可能对黄粉虫造成致命伤害。蛹期虫体更为脆弱，任何化学残留都可能渗透其外壳，影响其发育乃至存活。因此，在黄粉虫养殖区域内绝对禁止使用这些化学物品。

（6）适当通风换气

保持室内空气流通，但避免直接对流风直吹到蛹体，以防蛹体脱水或受凉。新鲜空气有助于减少室内有害气体的积聚，为蛹期黄粉虫创造一个良好的微环境。但是蛹期对环境湿度敏感，也应保持环境干燥，防止蛹的霉变。

6.3.4.6　黄粉虫成虫养殖管理

成虫存活期约为 50 天，期间需要大量营养和水分来支持产卵。饲料中应富含麦麸、蔬菜，并可适量添加鱼粉以提升营养价值。营养不良会导致成虫间出现互残现象，这是资源竞争加剧的结果，可通过定期补充高质量饲料来避免此类损失。

（1）营养丰富且促进繁殖

成虫尤其是产卵期，需要营养丰富的饲料以提高产卵量和延长寿命。饲料中可以加入一些促进繁殖的成分，如鱼粉、蜂蜜、蜂王浆。

（2）钙质补充

为保证卵壳的坚固，成虫饲料中应增加钙质，可以通过添加含钙盐的混合盐或直接提供钙粉来实现。

（3）控制投喂量

成虫的饲料投放量不宜过多，以免浪费和污染环境，通常每次投放量为虫体重的 10%～20%，3～5 天内吃完为宜。

（4）调整与观察

定期观察成虫的生长情况和饲料消耗情况，根据实际情况适时调整投喂量和频率。

（5）定期筛粪换料

及时清理虫粪，避免霉菌和细菌滋生，同时根据虫体生长情况和饲料消耗情况适时调整投喂量和频率。

（6）个体差异和环境适应

根据具体的养殖环境（如温度、湿度）和黄粉虫的实际生长表现，灵活调整饲料配方和管理措施。通过上述策略，可以有效满足黄粉虫在不同生长阶段的营养需求，促进其健康成长和繁殖，从而提高养殖效率和经济效益。

总之，黄粉虫养殖的管理措施涉及多个方面，简而言之，即卫生与隔离控制、了解生长周期、饲料管理、营养补充与促进生长、日常监测与疾病控制、计划性养殖这几个方面，这样才能确保养殖过程的高效与虫体的优质。

第7章 黄粉虫养殖的病虫害防治

黄粉虫养殖过程中，病虫害是影响产量和质量的主要因素之一。有效的病虫害防治措施不仅能提高黄粉虫的存活率和生长速度，还能确保养殖环境的卫生和安全。本章节主要介绍了黄粉虫干枯病、腐烂病、黑头病、螨虫侵害、蚂蚁侵害等常见疾病和虫害。

7.1 黄粉虫干枯病防治

7.1.1 黄粉虫干枯病病因

黄粉虫干枯病主要是由于环境条件不佳所引发[63]，具体包括以下几种。

①空气干燥：低湿度环境导致虫体无法从空气中获取足够水分。

②气温偏高：特别是在冬季使用煤炉加温或夏季连续高温（≥39 ℃）时，高温加剧了水分蒸发，增加了患病风险。

③饲料含水量过低：食物中水分不足，使得黄粉虫通过食物摄入的水分减少，体内逐渐缺水。

7.1.2 黄粉虫干枯病症状

黄粉虫干枯病的症状进展过程如下。

初期：干枯现象首先出现在黄粉虫的头尾部位。

发展：随后，干枯逐渐扩展至整个虫体，导致虫体变得僵硬直至死亡。

黄粉虫干枯病的病症表现分类如下。

① 黄枯：若虫体死亡后颜色呈现黄色，且未发生明显变质，这种状态称为"黄枯"。

② 黑枯：相反，如果虫体颜色转为黑色，并伴有变质迹象，则称为"黑枯"。

通过识别这些病因和症状，养殖者可以及时采取相应措施，如调整温湿度、改善饲料质量等，来预防和控制黄粉虫干枯病的发生。

7.1.3　黄粉虫干枯病防治措施

7.1.3.1　环境调节

① 夏季管理：将饲养容器移至凉爽通风处，或采取开窗通风措施，以降低室内温度。同时，增加维生素和青绿饲料的供给，地面洒水以增加空气湿度，减少高温带来的负面影响。

② 冬季加湿：冬季使用煤炉加温时，定期监测饲养室的空气湿度，使用温湿度表确保湿度不低于 55%。如湿度不足，可通过地面洒水、提高饲料水分含量或增加青饲料供给来提升环境湿度。

7.1.3.2　饲料管理

确保饲料含水量适宜，避免因饲料过干导致黄粉虫缺水。可以通过调整饲料配方或直接提供含水较高的食物，如新鲜菜叶，以补充水分。

7.1.3.3　及时处理病虫

对于已出现干枯症状，尤其是体色发黑（黑枯）的病虫，应立即挑出并丢弃，避免健康虫食用病虫，减少疾病传播的风险。

7.1.3.4　预防措施

在极端天气条件下（如持续高温或过度干燥的冬季），采取主动预防措施，如使用加湿器、定时通风、合理安排加温方式等，维持一个对黄粉虫生长有利的稳定环境。

7.2 黄粉虫腐烂病防治

7.2.1 黄粉虫腐烂病病因

黄粉虫腐烂病，又称黄粉虫软腐病，主要是环境因素引起。此病常发于湿度大、温度较低的多雨季节[63]。高湿环境加上不当管理，如饲养场所通风不良、粪便及饲料易受污染，尤其是在筛选过程中操作不当导致虫体受伤，均为该病的诱因。

7.2.2 黄粉虫腐烂病症状

① 初期表现：病虫行动迟缓，食欲减退，产卵量减少，排泄物呈黑色。
② 严重阶段：虫体颜色变深至黑色，身体变软、腐烂，最终导致死亡。病虫的黑粪便还可能传染给其他健康虫子，如不迅速控制，可引发群体性死亡，是夏季需要重点防范的疾病。

7.2.3 黄粉虫腐烂病防治措施

7.2.3.1 环境调控

一旦发现病症，应立即减少或停止给予含水量高的青菜饲料，清理病虫粪便，增强通风以降低湿度。在持续阴雨天气下，可利用燃煤炉增加温度，以减轻高湿低温的不利条件。

7.2.3.2 物理管理

及时挑拣出变软、变黑的病虫，隔离或清除，防止病情扩散。

7.2.3.3　药物治疗

可采用抗生素预防和治疗，例如，每盒饲料中添加 0.25 克氯霉素或土霉素与 250 克豆面或玉米面混合后投喂。待病情好转，再逐渐恢复到常规饲料，如麦麸拌青料。

7.3　黄粉虫黑头病防治

7.3.1　黄粉虫黑头病病因

黑头病的发生主要是因为黄粉虫误食了未被彻底筛除干净的虫粪，这种情况通常与养殖管理不善或缺乏正确的养殖技术知识有关。当含有虫粪的饲料与青饲料混合后，黄粉虫食用后便可能发病。

7.3.2　黄粉虫黑头病症状

黑头病特征性变化主要表现为该病首先体现在头部变黑，该病也因此被称为黑头病。随后这一黑色逐渐扩散至全身，最终导致虫体死亡。部分情况下，仅头部变黑也可能直接致死。死亡的虫体可能呈现干枯状态，也有时会腐烂，故有观点认为黑头病也属于干枯病的一种表现形式。

7.3.3　黄粉虫黑头病预防

加强管理与培训：鉴于黑头病主要是由于管理失误引起，提高养殖人员的责任心和专业技能是预防的关键。确保饲料清洁无虫粪，正确筛除虫粪并分开投放青饲料，可以有效避免该病发生。

7.3.4　黄粉虫黑头病死亡虫体处理

及时清理：对于已死亡并可能变质的黄粉虫，应当迅速识别并剔除，避免健康虫子误食这些病死虫体，从而防止疾病的传播。

综上所述，通过改善管理和加强饲养技术，黄粉虫黑头病是可以预防和控制的，确保养殖环境的清洁及饲料的纯净是维护黄粉虫健康的基石。

7.4　黄粉虫螨虫侵害防治

7.4.1　螨虫的基本形态特征和繁殖能力

螨虫确实是一种生命力顽强且繁殖迅速的微小生物，它们广泛分布于地球上的多种环境中，包括土壤、水体、空气，以及动植物体表或体内，对人体及其他动物的健康构成潜在威胁。螨虫的生态多样性和适应性强，不同的螨虫种类可以适应从极干燥到高湿度的各种环境条件，高温、高湿及充足的食物来源是许多螨虫种群快速繁衍的理想条件。以下是螨虫的基本形态特征和繁殖能力。

① 体型微小：螨虫的成虫体长往往不足 1 毫米，这一微小体型使得它们能够轻易地隐藏在各种微小缝隙中。

② 身体结构：其身体柔软，呈拱形，颜色通常为灰白色，半透明，表面覆盖着细小的刚毛，有助于它们在不同表面移动。

③ 肢体特征：螨虫具有 4 对足，这是它们分类上的一个重要特征。幼螨期开始时有 3 对足，进入若螨阶段后增加到 4 对，与成螨相似，这一发育过程体现了其渐进的形态变化。

④ 繁殖能力：螨虫的繁殖能力惊人，雌螨的产卵量大，每只雌螨能够产下约 200 粒卵，且生命周期短，大约每 15 天完成一代的更替。在适宜的温湿度条件下，螨虫种群可以迅速增长，导致螨害问题，尤其是在家禽养殖、农作物种植以及家居环境中更为常见。

7.4.2　粉螨对黄粉虫养殖的危害

危害黄粉虫养殖的主要螨虫是粉螨（Acarididae family），这类螨虫在行业内有时被称为"糠虱""白虱"或"虱子"，尽管它们并不属于昆虫的虱目。粉螨偏好温暖潮湿的环境，尤其在夏季和秋季，当黄粉虫的饲料如米糠、麦麸保存不当，容易成为粉螨滋生的温床。以下是粉螨对黄粉虫养殖的危害。

① 饲料污染：粉螨在饲料中繁殖，会导致饲料发霉变质，降低营养价值，影响黄粉虫的生长发育和健康状况。

② 传播疾病：螨虫可能携带并传播病原体给黄粉虫，增加黄粉虫患病的风险。

③ 竞争资源：螨虫会直接消耗饲料，与黄粉虫形成竞争关系，减少黄粉虫的食物来源。

④ 快速扩散：一旦螨虫被带入饲养盒内，在适宜的温湿度和充足食物供应下，它们能迅速繁殖，很快波及整个养殖环境，难以根除。

7.4.3　黄粉虫发生螨虫侵害的原因

螨虫病害通常发生在 7—9 月的高温高湿季节，主要通过带有螨卵的饲料引入。

7.4.4　螨虫侵害症状

螨虫聚集在饲料表面，表现为白色蠕动的小虫，常寄生在变质饲料和腐烂虫体上。它们不仅直接取食黄粉虫卵和弱小幼虫，还会干扰正常黄粉虫的生活，导致其体质下降，食欲减退，最终死亡。

7.4.5　螨虫侵害防治措施

7.4.5.1　选择健康的黄粉虫种虫

应挑选活力强、无疾病的虫种作为繁育基础。

7.4.5.2　饵料管理

（1）保证饵料质量

确保所有投入的饲料原料，如米糠、麦麸、土杂粮面和粗玉米面，都是干净无杂质、未发生霉变的。在多雨潮湿的季节（如梅雨季节），采取密封存储的方法，以防潮防霉[63]。

（2）预处理与消毒

在使用前，对这些天然饲料进行日晒处理是一种简单有效的消毒方式，它有助于杀灭潜在的螨虫卵和其他微生物。对于果皮、蔬菜等含水量较高的辅料，控制其湿度，避免成为螨虫滋生的温床。

（3）即时清理与干燥

养殖过程中，定期清理虫粪和残留饲料，保持食盘和养殖环境的清洁干燥，这是减少螨虫及其他病原体繁殖的基础。

（4）太阳暴晒法

一旦发现饲料中有螨虫，立即将饲料平摊在阳光下暴晒 5～10 分钟，利用自然高温杀灭螨虫，这是一种简便易行且环保的防治措施。

（5）饲料加工处理

为了进一步保障饲料的安全性，可以通过日晒、膨化、加热（炒、烫、蒸、煮）等方式对麦麸、米糠、豆饼等进行深度处理，这些方法不仅能杀死螨虫，还能提升饲料的营养价值和适口性。

（6）合理投喂

投喂量需要适量，过多的饲料容易积累湿气和提供螨虫藏身之处，因此应根据黄粉虫的实际消耗情况调整投放量，避免剩余。

7.4.5.3　场地与设备消毒

（1）高锰酸钾溶液消毒

使用 0.1%的高锰酸钾溶液对饲养室、食盘、饮水器等进行定期喷洒，这是一个经济且广谱的消毒方式。高锰酸钾能有效杀灭细菌和螨虫，但使用时要注意均匀喷洒，避免浓度过高对黄粉虫造成伤害。

（2）三氯杀螨醇应用

40%的三氯杀螨醇是一种高效低毒的杀螨剂，按照 1 000 倍溶液进行稀释后喷洒，能针对饲养场所的各个角落、饲养箱、喂虫器具等进行彻底消毒，甚至可以直接用于饲料表面，以达到 95%以上的杀螨效果。这种化学防治手段需谨慎操作，避免对环境和操作人员造成不必要的风险。

（3）喷雾频率与湿度控制

推荐每隔 7 天进行一次喷雾，连续 2～3 次，这样的频率可以有效控制螨虫繁殖，同时避免因频繁使用化学药品导致的环境污染或抗药性问题。喷雾时需注意，不可使地面过于湿润，以免创造适宜螨虫生长的高湿环境。

7.4.5.4　物理与生物诱杀

诱杀螨虫的方法在黄粉虫养殖中属于生物防治策略的一部分，主要通过吸引螨虫至特定的诱饵上，随后将其清除，以此来减少螨虫的数量。以下是两种诱杀螨虫的方法。

（1）利用食物残渣诱杀螨虫

① 油炸鸡、鱼骨头：这类食物残渣散发的油脂香气对螨虫极具吸引力。将其放置于饲养池中，螨虫被吸引聚集后，定时取出并销毁，能有效消灭大量螨虫，该方法简单易行，成本较低。

② 草绳浸米泔水：草绳吸水后晾干，其湿润的环境加上米泔水的气味对螨虫具有一定的诱惑力。螨虫被引诱后，通过焚烧草绳进行灭除，此法同样适用于大规模诱杀。

（2）利用土壤和食物混合物诱杀螨虫

① 纱布覆盖法：在纱布上放置含有动物粪便的半干半湿土壤以及炒香的豆饼、菜籽饼等，螨虫会被这些物质的气味吸引并通过纱布孔隙进入。这种方法便于收集和处理螨虫，避免了它们在养殖环境中的进一步繁殖。

② 麦麸泡制团：将麦麸泡水后捏成小团放置于饲养土表面，螨虫被麦麸的气味吸引并聚集其上。由于螨虫聚集速度快，因此可在短时间内收集并处理这些带有螨虫的麸团，重复操作可显著降低螨虫数量。

这两种诱杀策略的优势在于，它们不仅减少了化学药物的使用，降低了对环境和黄粉虫本身的潜在危害，而且操作简便，成本低廉，适合在实际养殖过程中推广使用。不过，需要注意的是，在实施这些诱杀措施的同时，也应配合良好的环境卫生管理，如保持饲养环境干燥通风，定期清理废弃物，以形成更加有效的螨虫综合防控体系。

7.4.5.5　综合防控

结合物理方法（如阳光暴晒）、生物防治（利用天敌）和化学防治（使用杀螨剂）等多种手段，形成立体的防控体系，可以更有效地控制螨虫病害，同时减少化学药物的依赖，保护养殖环境的生态平衡。

综合运用上述策略，可以有效地控制螨虫对黄粉虫养殖的危害，保护黄粉虫的健康成长，提高养殖效益。

7.5　黄粉虫对蚂蚁侵害的防治

在特种水产品养殖中，黄粉虫因其低成本和低病害风险成为理想的动物蛋白饲料。然而，蚂蚁的侵袭是一大挑战。以下是三种有效的防治方法[64]。

（1）清水隔离法

在容器下方四角各放置一个盛水的小容器，形成水障，阻止蚂蚁接近黄粉虫。

（2）生石灰驱避法

在养殖容器周围均匀撒布生石灰，每平方米 2.5 千克，宽度 20～30 厘米，利用生石灰的碱性和干燥性驱赶蚂蚁。

（3）毒饵诱杀法

将 50 克硼砂、400 克白糖和 800 克水混合，分装在小容器中，放置在蚂蚁活动频繁的路径上，利用白糖吸引蚂蚁，硼砂毒杀蚂蚁。

这三种方法各有优势：清水隔离法简单无残留，适合长期使用；生石灰驱避法适用于大范围防护；毒饵诱杀法针对性强，能迅速减少蚂蚁数量。综合运用这些方法，可以有效控制蚂蚁对黄粉虫的威胁，保障养殖顺利进行。

参考文献

[1] 舒妙安. 棘胸蛙肌肉营养成分的分析（Ⅱ）氨基酸及矿物元素的组成
[J]. 浙江大学学报（理学版），2000（5）：553-559.

[2] 谭庆东，梁正其，李沁瑾，等. 贵州山区不同饲养条件对棘胸蛙生长的影
响 [J]. 特种经济动植物，2022，25（9）：11-14.

[3] 刘亚水. 棘胸蛙集约式人工饲养技术研究 [J]. 科学养鱼，2021（1）：44.

[4] 严清华. 棘胸蛙仿生态繁养技术 [J]. 内陆水产，2005（5）：17.

[5] 梅祎芸，叶容晖，宋婷婷，等. 浙江省棘胸蛙养殖现状及发展对策[J]. 浙
江农业科学，2015，56（7）：1122.

[6] 舒妙安. 棘胸蛙肌肉营养成分的分析（Ⅰ）一般营养成分的含量及脂肪酸
的组成 [J]. 浙江大学学报（理学版），2000（4）：433.

[7] 杨伟国. 棘胸蛙的生态习性与人工养殖方法 [J]. 生态学杂志，1990（4）：
19.

[8] 聂国兴，孟晓林，闫潇. 经济蛙类营养需求与饲料配制技术 [M]. 北京：
化学工业出版社. 2017.

[9] 吴克华，姚松林，杨超，等. 贵州山区棘胸蛙养殖关键技术探讨 [J]. 绿
色科技，2019（22）：35.

[10] 俞宝根. 棘胸蛙不同地区的两性异形及人工环境下繁殖行为研究
[D]. 金华：浙江师范大学，2010.

[11] 健李. 棘腹蛙性腺的发育与周年变化 [J]. 武陵学刊，1998，19（3）：
57.

［12］郑宝成. 棘胸蛙人工繁育新技术［J］. 宜春学院学报，2011，33（8）：125.

［13］周明强，刘建，向建国. 棘胸蛙人工养殖技术探讨［J］. 养殖与饲料，2016（9）：35.

［14］肖波. 棘胸蛙腐皮病病原分离鉴定与流行病学调查［D］. 长沙：湖南农业大学，2020.

［15］肖敏，程超，朱敏杰，等. 棘胸蛙健康养殖技术［J］. 科学养鱼，2022（4）：39.

［16］张平，廖常乐，王慧颖，等. 棘胸蛙人工养殖技术研究概述［J］. 湖南林业科技，2019，46（5）：94.

［17］成斌，陈柏文，徐友生. 棘胸蛙良种选育和人工繁殖试验［J］. 科学养鱼，2005（12）：42.

［18］丁松林，郑宝成. 棘胸蛙繁育特性研究［J］. 四川动物，2009，28（4）：602.

［19］李顺才，郑心力. 如何办个赚钱的食用蛙家庭养殖场［M］. 北京：中国农业科学技术出版社，2015.

［20］戴银根. 食用蛙高效养殖新技术［M］. 北京：中国农业出版社，2017.

［21］戴银根. 食用蛙高效养殖致富技术与实例［M］. 北京：中国农业出版社，2016.

［22］陈雯，俞宝根，郑荣泉，等. 温度对棘胸蛙胚胎发育及蝌蚪表型特征的影响［J］. 贵州农业科学，2010，38（1）：108.

［23］耿宝荣，蔡明章，陈榕，等. 棘胸蛙 Paa（Paa）spinosa 的早期胚胎发育［C］//中国动物学会两栖爬行动物学分会. 两栖爬行动物学研究（第8辑）——亚洲两栖爬行动物学第四届国际学术会议专辑. 遵义，2000.

［24］丁德明. 棘胸蛙仿生态养殖技术［J］. 湖南农业，2010（3）：24.

［25］谢永广，张进，王怀昕，等. 不同营养水平与投喂频率对棘胸蛙蝌蚪生长的影响［J］. 水产养殖，2020，41（12）：27.

[26] 刘韬,庄志鸿,杨声强,等.饲料营养水平对棘胸蛙蝌蚪生长发育的影响 [J].中国农学通报,2013,29(26):5.

[27] 陶志英,马保新,余智杰,等.环境因子对棘胸蛙蝌蚪生长发育的影响 [J].湖南农业科学,2015(2):55.

[28] 余智杰,章海鑫,黄江峰,等.棘胸蛙幼蛙越冬技术研究 [J].江西水产科技,2015(3):11.

[29] 赵蒙蒙,郑荣泉,宋婷婷,等.饲料营养水平和温度对棘胸蛙蝌蚪变态发育的影响 [J].广东农业科学,2014(20):119.

[30] 肖调义,赵玉蓉,章怀云,等.人工饲养棘胸蛙蝌蚪变态发育的研究 [J].水利渔业,2004,24(1):19.

[31] 邓德芳.棘胸蛙红腿病防治初探 [J].现代农业科技,2009(6):200.

[32] 苏雪红,张正江,纪任宗.棘胸蛙病害调查及药敏试验初报 [J].福建水产,2001(1):32.

[33] 李贵雄.棘胸蛙常见病害的防治方法 [J].科学养鱼,2004(5):45.

[34] 阙炳根.棘胸蛙养殖常见的病害及防治方法 [J].水产养殖,2017(5):41.

[35] 杨滢,张雪萍,吴锐琼,等.棘胸蛙白内障病症的致病菌鉴定及其敏感药物筛选 [J].福建农业科技,2020(12):9.

[36] 程晓云,郑芊芷,宋婷婷,等.棘胸蛙白内障病原鉴定及药敏试验[J].浙江农业科学,2016,57(7):1141.

[37] 刘子明,金晶,胡则辉,等.棘胸蛙白内障病原鉴定及病理组织观察 [J].浙江农业学报,2018,30(11):1811.

[38] 吴明皇,林玲,孙承文,等.棘胸蛙白内障病原的分离、鉴定及药物敏感性分析 [J].浙江农业科学,2018,59(6):1042.

[39] 巫一安.蛙类常见疾病的防治 [J].渔业致富指南,2016(18):50.

[40] 邓德芳,刘竹泉.棘胸蛙烂皮病防治对策浅析[J].科学养鱼,2009(5):60.

［41］马有智，卢媛媛，何琳，等．棘胸蛙嗜水气单胞菌卵黄抗体的制备及其保护作用研究［J］．黑龙江畜牧兽医，2013（17）：142.

［42］吕耀平，金晶，施倩，等．棘胸蛙致病性蜡样芽孢杆菌的分离鉴定及病理组织观察［J］．水生生物学报，2018，42（1）：26.

［43］王瑞君，熊筱娟．棘胸蛙烂皮病奇异变形杆菌的分离、鉴定及对药物敏感性研究［J］．淡水渔业，2012，42（4）：31.

［44］宋婷婷，郑荣泉，张俊美，等．一种棘胸蛙新类型疾病病原分析［J］．福建水产，2014，36（5）：344.

［45］徐悦玉，林德，赵淑芳．棘胸蛙致病性荧光假单胞菌的分离鉴定［J］．丽水学院学报，2023，45（2）：17.

［46］蒋燕，梁正生，胡大胜，等．棘胸蛙体表溃烂病病原菌的分离鉴定及药敏试验［J］．广西畜牧兽医，2018，34（4）：204.

［47］金炼均，毛国栋，陆敬波．野生棘胸蛙人工驯养疾病综合防治［J］．农技服务，2016，33（1）：181.

［48］黄雅贞，彭锴，曾庆祥，等．棘胸蛙仿生态一键式工厂化养殖技术［J］．水产养殖，2014（11）：37.

［49］王瑞君，熊筱娟，李志元．金银花叶提取物对棘胸蛙烂皮病治疗效果的探讨［J］．湖北农业科学，2016，55（8）：2055.

［50］雷雪平，耿毅，余泽辉，等．棘胸蛙脑膜炎败血伊丽莎白菌的分离鉴定及其感染的病理损伤［J］．浙江农业学报，2018，30（3）：371.

［51］李明，宋婷婷，郑荣泉，等．棘胸蛙歪头病病原分离・鉴定与药敏试验［J］．安徽农业科学，2016，44（3）：64.

［52］赵彦常．棘胸蛙生态习性与养殖常见病害防治［J］．海洋与渔业，2017（10）：66.

［53］李莉娟，罗杨志，顾泽茂，等．蛙病毒3介导棘胸蛙的暴发性死亡［C］//国家大宗淡水鱼类产业技术体系病害防控功能研究室，中国水产学会鱼病专业委员会，中国科学院水生生物研究所．中国水产学会鱼病专业委

员会 2013 年学术研讨会. 中国海南海口，2013.

[54] 郑善坚. 一例棘胸蛙蝌蚪腹水病的诊断及治疗 [J]. 科学养鱼，2016
（12）：65.

[55] 郑卫军，宋婷婷，郑善坚，等. 棘胸蛙出血病病原鉴定及药敏试验 [J].
华东深林经理，2016，30（1）：42.

[56] 陈霞. 一例棘胸蛙红腿病并发烂皮病、腹水症的诊治 [J]. 科学养鱼，
2016（9）：66.

[57] 赵淑芳，曹卢园，唐子晴，等. 棘胸蛙新型病菌蜂房哈夫尼菌的分离、
鉴定与药敏试验 [J]. 丽水学院学报，2019，41（5）：29.

[58] 杨少杰，李欣苗，李艳，等. 甘肃夏菜尾菜现状及黄粉虫养殖技术 [J].
农技服务，2020，37（1）：37.

[59] 刘缠民. 不同温度对黄粉虫幼虫存活率和保护酶系的影响 [J]. 西北林
学院学报，2006，21（1）：107.

[60] 黄琼，胡杰，周定刚. 2 种色型黄粉虫的选育与繁殖特性研究 [J]. 中
国农学通报，2012，28（18）：231.

[61] 奚增军. 补充营养对黄粉虫生长发育和繁殖特性的影响 [D]. 延安：延
安大学，2016.

[62] 徐世才，潘小花，奚增军，等. 不同时期补充营养对黄粉虫繁殖力的影
响 [J]. 黑龙江畜牧兽医，2017（6）：158.

[63] 黄粉虫常见疾病的防治 [J]. 农业知识，2011（6）：44.

[64] 吴天靖，刘时华. 防治蚂蚁危害黄粉虫三法 [J]. 特种经济动植物，2002
（6）：6.